U0200947

银勺子精选

肉店的招牌菜

图书在版编目(CIP)数据

银勺子精选：肉店的招牌菜 / 意大利银勺子厨房著；张舜尧译. —— 武汉 ：华中科技大学出版社，2022.4
ISBN 978-7-5680-4540-7

Ⅰ．①银… Ⅱ．①意… ②张… Ⅲ．①荤菜－菜谱－意大利 Ⅳ．①TS972.185.46

中国版本图书馆CIP数据核字（2021）第273787号

Recipes From an Italian Butcher © 2017 Phaidon Press Limited

This Edition published by Huazhong University of Science & Technology Press under licence from Phaidon Press Limited, Regent's Wharf, All Saints Street, London, N1 9PA, UK, © 2017 Phaidon Press Limited.

简体中文版由Phaidon Press Limited授权华中科技大学出版社有限责任公司在中华人民共和国境内（但不含香港特别行政区、澳门特别行政区和台湾地区）出版、发行。

湖北省版权局著作权合同登记　图字：17-2021-096号

银勺子精选：肉店的招牌菜

Yinshaozi Jingxuan : Roudian de Zhaopaicai

[意] 银勺子厨房　著

张舜尧　译

出版发行：华中科技大学出版社（中国·武汉）　　　电话：　(027) 81321913
　　　　　华中科技大学出版社有限责任公司艺术分公司　　　(010) 67326910-6023
出 版 人：阮海洪

责任编辑：谭晰月
责任监印：赵　月　郑红红

制　　作：北京予亦广告设计工作室
印　　刷：广东省博罗县园洲勤达印务有限公司
开　　本：889mm×1194mm　1/16
印　　张：18.5
字　　数：180千字
版　　次：2022年4月第1版第1次印刷
定　　价：228.00元

本书若有印装质量问题，请向出版社营销中心调换
全国免费服务热线：400-6679-118　竭诚为您服务
版权所有　侵权必究

银勺子精选
肉店的招牌菜

[意] 银勺子厨房　著　张舜尧　译

烤·烩煮·炖煮

华中科技大学出版社
http://www.hustp.com

有书至美
BOOK & BEAUTY

中国·武汉

前言

　　试想一下，你面前摆着一盘米兰风味烩牛膝，浓稠的酱汁，软嫩的牛肉，极富光泽的油花……俨然一道人间美味，若能再搭配一碗藏红花烩饭，炖肉浓郁的香味便会在烩饭微妙的烘托下彻底脱胎换骨，令人欲罢不能。或许，摆在你眼前的是一颗颗刚刚出炉、浸在番茄酱中的肉丸，大方的主人在上面撒满了新鲜研磨的帕玛森干酪……像这样的意大利美食，谁都无法质疑其跻身世界顶级肉类佳肴的资格。但实际上，这些耳熟能详的菜肴不过是意大利肉类佳肴的冰山一角，意大利人民对于肉类的烹调方法不计其数，假如你有机会游览亚平宁半岛之外的小岛，你会发现新世界的大门正在向你打开。

　　直到1871年，意大利才成为一个统一的国家。时至今日，意大利各地的饮食习惯相似，但不同地域却始终保留着地方特色。羊肉及其衍生品是意大利人日常饮食的重要组成部分，撒丁岛的羊奶乳酪和佩科里诺干酪也负有盛名，但鲜少有人注意到，意大利餐厅里几乎没有羊排以外的其他羊肉菜肴。除了羊肉，以猪肉为原材料的商品在意大利可谓比比皆是，香肠、火腿和意式培根是市场和超市的主角；而在平时，用牛奶炖煮的猪肉想必不止一次出现在我们的餐桌上，周末你也许还会做上一大锅意大利肉酱（Ragùs），让全家大饱口福，但想必没多少人听说过橄榄兔肉卷（见第150页）或桃金娘烤野猪肉串（见第180页）。

　　在意大利，以肉类为主食材的菜肴琳琅满目，而烹饪技巧更是不胜枚举，值得深入了解。因此，本书着重从三种烹饪技巧着手，即烤、烩煮和炖煮，这三种做法几乎适用于任何肉类，能够做出非常美味的佳肴。《银勺子精选：肉店的招牌菜》展示了制作一道简单美味的意式肉类菜肴是多么容易。如果食材使用合理，制作这些菜肴既省时，成本也非常低，而且美味的程度绝不会打折。很多菜谱都只需要提前稍加准备，然后简单地将食材放进烤箱烤熟即可。

烹饪技巧——烤、烩煮和炖煮

　　烹饪肉类是人类最古老的活动之一。在史前时代，人类发现经火烤熟的肉更容易消化，更美味，也更健康。然而，烹饪技巧亦各有千秋，因此处理不同部位的肉时，应该选择恰当的烹饪技巧。

　　烤（Roasting）：最接近火源的烹饪技巧。不仅指以烤箱为火源（将珐琅锅作为容器放入烤箱也算烤），也泛指一切直接接触火源的烹饪方式，例如烤串，即将猪肉、羊肉、家禽和兔子用油和芳香的香草腌制后串烤。最适合烤的部位有小牛后腿、牛肋骨（牛眼肉）、羊腿、猪脊肉和猪颈肉香肠（Capocollo）。高温会在肉的表面形成金黄香脆的外壳，从而最大程度地锁住肉汁，令肉的口感更为鲜嫩。

　　烩煮（Stewing）：在深锅或者珐琅锅中放入食材及食材一半高度的液体（如水、肉汁、高汤等），以文火慢煮的烹饪技巧。烩煮时，并不需要将肉提前煎至上色。最适合烩煮的是切成小块的红肉或者白肉，例如烩牛肩颈肉、烩小牛肉、原汁烩肉、烩鸡肉和烩兔子。烩煮出来的肉非常软嫩，虽然听起来像是再普通不过的"白水煮肉"，但实际上非常美味。

　　炖煮（Braising）：一种将珐琅锅或有盖的大平底锅等放置于烤箱中，以中火稳定加热的烹饪技巧。锅中应有足量让食材吸收的液体（如腌料、肉汁或高汤等）。炖煮用的肉类和蔬菜应提前煎至上色，并使用葡萄酒等液体烧汁。最适合炖煮的部位有小牛弹肉腿和小牛肩肉，以及各类红肉。

就餐习惯

　　意大利菜是按照一定的顺序分道上菜的。首先是Antipasto（意为"餐前"），一般是一小口的分量，相当于餐馆里的餐前小吃。接下来是Primo和Secondo（即"第一道"和"第二道"），无论午餐还是晚餐，它们都是必不可少的。第一道通常是一小盘意面、米饭或者其他类似的食物，它们不是主菜，而是必不可少的开胃菜。第二道是以肉类（或鱼类）为主食材的主菜。同时，蔬菜在第二道中也起着至关重要的作用。它们作为主食材的搭配，使菜肴完整。和第二道同时上桌，却独立成菜的一道菜是Contorno（配菜）。这个词原意为"轮廓"，抑制器意指其填补了餐桌上的空白，塑造了整个菜肴的轮廓。试想一下，经过油炸或烤制的肉类或鱼类，与一道精心烹制的配菜一起上桌，会是多么美妙的瞬间。配菜大多比较简单，例如卷心菜马铃薯泥（见第277页）、糖釉胡萝卜（见第270页）或者烤时蔬（见第266页）。用沙拉作为主菜的配菜也是一个很好的选择，因为从丰富性和美味程度上来说，沙拉并不比熟食逊色。例如玉米红甜椒沙拉（见第266页），其新鲜的食材、巧妙的搭配、多元的风味，足以搭配任何肉类，还能起到平衡口感的作用。

意大利风味的肉食

从北部郁郁葱葱的阿尔卑斯山到南部阳光普照的古老遗迹，意大利各地的食材和传统烹饪技法各有千秋，为好奇心旺盛的厨师们提供了大量的菜谱和选择。这些传统所传承的，更多的是对食材的尊重。意大利菜很大程度上是一种农家菜，它充分利用现有的资源，用简单的食材来强化和提升风味。因此，当一份最优质的食材摆在眼前时，如一块漂亮的鹿肉、一只肥美的鹅，意大利人将尽其所能制作出物超所值的美食！

减少日常饮食中肉类的摄入确实有助于保护环境，但这并不意味着我们必须彻底放弃吃肉。所以，当我们把自然环境和日常饮食联系起来时，我们完全可以学习几代意大利人一直在做的，即有意义地吃肉。众所周知，每天食用大量的肉，尤其是红肉，不利于我们保持身体健康。然而，适量地吃高品质肉类，并将其作为均衡饮食的一部分，效果则恰恰相反。所以，只要条件允许，试着吃一些高品质肉类，且并不局限于单一的品种。

所有的食谱都会考虑到肉类的区别。一般来说，鹅和鸭子的脂肪含量很高，需要在烹饪时去除多余的脂肪，这样才能保证皮的酥脆，反之则会油腻。其他的肉，例如鸡肉和牛肉，在烹饪的过程中需要将烹饪时产生的肉汁或油脂反复浇在肉上，以保证肉的湿润度。除此之外，像鹿肉等瘦肉很多的肉类，需要在烹饪前或烹饪过程中添加额外的油脂，这样肉才不会发干发柴。

如何挑选

如果有可能的话，最好买放养的有机肉。自然生长和采食的动物，其肉质和味道比圈养的好。它们的肉大理石花纹更密集、味道更浓，含水量会少得多，并且在煮熟后，肉的回缩也小得多。有些肉类在熟成后会获得更浓郁的风味；如今，干熟成的牛肉已风靡世界，但很少有人知道，熟成是一项古老的技法，这恰好也证明了"从来没有过时的技术"。有些野禽的风味也会因为熟成而受益，这一过程在专业领域里被称为"悬挂"。在购买之前，应向肉贩咨询相关的专业意见，或者告诉肉贩你的计划，再听听他们的建议。除此之外，选购最新鲜的肉是最重要的。

优质猪肉的特点是紧实，而生长迅速的猪，肉质更软、更松，纹理也更粗。猪肉应该呈粉红色，而不是棕色或灰色，瘦肉间白色的细碎脂肪会形成美丽的大理石纹。猪肉富含营养，但脂肪含量是牛肉的2倍。猪肉可以热吃或冷吃，但绝对不能生吃。猪肉最嫩的部位是脊肉，适合制作成猪排，烤制或整条烹饪。至于培根，如果条件允许，尽量根据菜谱建议使用意式培根，但如果找不到，也可以用更常见的美式培根替代。

时至今日，高品质的有机牛肉越来越容易购买。在包装前经过熟成处理的优质牛肉往往呈暗红色，镶嵌着奶油般的淡黄色脂肪。如果是刚屠宰不久便真空包装的牛肉，则呈鲜亮的红色，脂肪呈白色。名贵的牛肉品种经过悬挂熟成处理，价格更加昂贵，美味亦更上一层楼。牛肉具有很高的营养价值，但胆固醇含量比小牛肉高。购买小牛肉时，记得询问肉贩或阅读包装，确保购买的是草饲或散养的小牛肉。小牛长到4~6个月时便会被宰杀，其肉呈玫瑰色，肉质鲜嫩，含水量高，脂肪含量低，颜色白中带粉。好的小牛肉应该非常柔软，颜色粉嫩。

在美国，羔羊（Lamb）通常指6~8个月的小羊，一般不会超过1岁；而在英国，羔羊被宰杀时至多1岁。由于年龄小，所以羔羊肉的味道较为温和，足以适用意大利菜谱的需求。在英国，1岁以上、不超过2岁的绵羊被称为Hogget。在英语中，Mutton一词泛指成年羊的肉，其味道更浓郁，也更"膻"，因此需要更长的时间来烹煮。在美国，Mutton指的是1岁以上被宰杀的羊，而在英国则是2岁以上。绵羊的肉很肥，烹煮时其体积会随脂肪的熔化和肌肉的收缩而变小，所以在购买的时候应适当多买一点。

兔子、鹌鹑等动物的肉比大多数养殖的动物都要瘦，适合文火慢炖或制作季节性佳肴，尤其适合制作味道浓郁的冬季烩菜。年幼的兔子、鹌鹑或鹿适合烧烤和油炸，较老的则更适合烩煮和炖煮。兔子肉的颜色白里透粉，肉质鲜嫩，富含蛋白质，脂肪含量低，也容易消化，而且几乎不含胆固醇。

由于品种不同，散养和有机饲养的家禽肉质有时比集中饲养的更为紧实，味道更好，可谓物超所值。购买整鸡或切分鸡时，可以简单地通过观察鸡皮的颜色来判断鸡肉的品质，好的鸡肉其鸡皮应白嫩柔软。除了平时常见的家禽，火鸡肉也是我们餐桌上的常客。不妨多花费一点购买散养的火鸡。稀有的品种味道最好，因为饲养时并不单纯追求个头大。

鹅肉应在当季购买新鲜的而非冷冻的。鹅的体型大，所以需要使用大烤箱。一般来说，8~9个月大、约3千克的鹅是最合适的。珍珠鸡最好购买7~10个月大的。如果禽类超过7个月大，需要进行悬挂熟成处理。经过熟成的禽类，肉质和味道都会得到提升。

储藏

　　牛肉和猪肉可以在冰箱中以0~4℃冷藏保存3~6天，而家禽只能保存3~4天。绞碎的肉馅和香肠应在一天内吃完，煮熟后可冷藏保存3~4天。将肉储存在适当的容器中，或用保鲜膜包裹，对保持肉的湿润度至关重要，否则肉的口感会变硬，味道也会随之改变。正确地保存肉类也有助于防止氧化，氧化将导致肉类的颜色从红色变成灰色，并改变其味道。把生肉和熟肉冷冻起来可以储存一个月到一年。牛肉在冰箱里冷冻储存可长达一年，家禽和猪肉则为数月。在烹饪肉类之前，应提前慢慢解冻，这是非常重要的。

如何使用这本书

　　《银勺子精选：肉店的招牌菜》根据肉的类别划分章节。每一章开篇都讲解了此种肉类在不同地区的不同切法，这些切法对应哪种烹饪技巧，以及如何选购和烹饪。本书还给出一些如何咨询肉贩的建议，并配有意大利、美国和英国针对不同动物的切法的插图。最后的实践部分则是各式美味、简单且地道的意大利肉食菜谱。

重要提示

　　本书所涉及的兔、鹿、鹌鹑、野猪等物种仅指依法人工饲养的商用动物，不涉及《国家重点保护野生动物名录》中规定保护动物及种群。动物及动物制品的交易及食用须遵守《中华人民共和国野生动物保护法》和《国家重点保护野生动物名录》的相关规定，保护生态环境，杜绝滥食及非法交易野生动物活动。

厨房设备

  在你开始烹饪之前，肉类的准备工作需要严格遵循几项原则。首先，应该在正确的地方处理肉类，然后切块，用肉锤敲打，或者将禽类用绳子绑牢。除此之外，你还需要选择正确的厨具，以应对不同烹饪技巧的要求。

案板

  你至少需要两块案板，一块用来处理生食，一块用来处理熟食。塑料材质的案板耐磨且容易清洗。如果你更喜欢木质案板，务必选择高品质的木材。另外，切勿将木质案板浸泡在水中，否则会开裂。

珐琅锅

  一种用铸铁或陶土制成的炊具，深且有盖，因据有保温的特质，格外适合用来制作需要长时间烹煮的菜肴。厚重的珐琅锅有着极好的导热性，这意味着食材在其中可以均匀受热，且在为肉类上色时尤为出色。从专业的角度出发，强烈推荐使用珐琅锅烹饪肉质嫩且细腻的肉类，例如家禽和白肉，也可以用来烹饪经过煨汁处理的精瘦肉。珐琅锅可以在炉灶上和烤箱里使用，常见规格比较大，足够容纳整块肉或整只禽类。

厨房用绳

  并非必备的厨房设备，但却很实用，价钱也不贵。绳子由未经漂白的纯棉制成，可以用于将肉类捆起来，令其在烤制过程中受热均匀；或者将填满馅料的肉卷绑起来，以保持形状；也可以用于将鸡或者火鸡绑牢，为制作一道完美的烤鸡奠定基础。

刀具

对于家庭厨房来说，你至少需要两把刀，一把锋利、坚固的长刀用来处理生肉，一把灵活的锯齿刃长刀用来切熟肉。不论切生肉还是煮熟的肉，最好在案板上操作，如有必要，也可以使用肉叉将肉牢牢地固定在案板上。切记切肉时要逆着纹理切。

肉锤

许多菜谱都包括捶打肉的步骤。使用肉锤对肉进行捶打，可以打散肉的纤维，软化肉质，令肉更容易被消化。

禽肉剪

禽肉剪可以在烹饪前或烹饪后使用，可以将整只或较大块的家禽或兔子剪成小块。

烤盘

烤盘的质量尤为重要，因为材质不佳的烤盘直接在炉灶上或烤箱中使用时，会因为高温而变形。你需要一个大号的深烤盘，它的四边相当高；小号的深烤盘同样有用，它适用于烹煮小块的肉，以减少肉汁的蒸发。

烤箱可用的平底锅

一个既能在炉灶上使用，也可以放入烤箱的平底锅，也许是厨房里最实用的炊具了。要确保锅的把手是耐热的。不粘涂层很有用，但不是必须的。使用铸铁材质的平底锅时要格外小心，因为金属材质导热很快，并且能够长时间保持高温。

食物夹和温度计

在烹饪的过程中，食物夹可以用来翻动食材，而将温度计直接插入食物内部，可以查看食物内部的温度。但建议不要在烹饪过程中将肉刺破，因为这样做会导致肉汁流出。

肉针

一种在捆绑鸡、鸭或火鸡等禽类时进行辅助的厨房用针。捆绑可以确保禽类在烹饪的过程中保持形状并均匀受热。肉针也可以用于将填充馅料的禽类腹部缝合，以防馅料流出。肉针通常长约20厘米。

猪肉

没有猪肉的意大利菜是不可想象的。意式脆皮五花肉卷（Porchetta）是最著名的意大利猪肉菜肴，其起源于意大利中部，由脱骨的猪五花肉加工成肉卷，再烤制而成。在它的发源地，脆皮五花肉卷通常按片出售，有时也会夹在面包里做成三明治，如同家常菜一般普遍。在意大利，猪身上的任何部位都不会被浪费，当地人相信，猪的每个部位都能变成营养丰富的美味食物，或者为其他菜肴锦上添花。意大利人民的心灵手巧和对猪精打细算的利用，在"Guanciale"这道菜上可见一斑。它是一种腌制的猪脸颊，可以说是世界上最好也是最美味的培根！简单的烹饪同样能制作出美味佳肴，例如烤猪脊肉（见第24页）或者辛香烩猪肉（见第38页）。

现如今，意大利饲养的猪早已不是本土品种了。同美国一样，瘦肉比例较高的品种在意大利很受欢迎，而脂肪较多的品种已经越来越少见了。今天，你在美国仍能找到稀有品种的猪，它们通常风味更佳。但是猪肉的质量和品种无关，新鲜优质的猪肉肉质应该是紧实的，而使用了激素、成长周期短的猪，其肉质更为松散，纹理也较粗大。优质的猪肉应该呈现粉红色，而非棕色或灰色，其上均匀分布着大理石花纹一般的白色脂肪。猪肉非常适合搭配鼠尾草、迷迭香或者白芸豆。制作时应按照菜谱要求使用意式培根（Pancetta），如果条件不允许，也可以使用非烟熏培根。

为了制作出香酥可口的脆皮烤猪，在烹饪之前需确保猪皮干燥。你可以将猪肉放入冰箱里风干数小时，而后取出，令其逐渐恢复室温再烹饪。在放入烤盘之前，用一把锋利的刀轻轻地在猪肥肉上打十字花刀，切口不要太深，1厘米左右即可，小心不要将肉切断。之后立刻在猪皮上抹盐，然后放入烤箱。将烤箱用最高温度提前预热，并以此温度烤制约20分钟。

相比其他的肉类，猪肉所需的烹调时间要长得多，500克猪肉大约需要25分钟。

适合烤的部位

去骨的猪肉自然更方便被二次切配，所以买肉时可以拜托肉贩你剔骨，除非菜谱要求是带骨的。

猪的肩颈部位绝对称得上物美价廉，它们风味十足，烹饪手法也灵活多变。脊肉的价格更贵，原切的处理也更难，但如果你愿意付出时间和精力，它绝对物超所值。脊肉应该在提前预热的烤箱中使用低中火慢慢烘烤，这样才可以在脆皮形成之前将热量传递到肉的中心位置，将整块脊肉烤熟。除此之外，最常见的部位当属猪腿。在应对大型宴会时，猪腿肉非常好的选择，但较为精瘦的肉质意味着它很容易变干。五花肉（腹部）更肥，味道更好，烤之前要在猪皮上打花刀，这样才会有更好的口感。里脊和腿的上部（臀部）相比腿肉，油脂更为丰富，汁水丰盈，制作成肉卷效果更佳。

适合烩煮或炖煮的部位

烩煮和炖煮都是适合烹饪猪肉的方式，文火慢煮可以最大限度地保留猪肉自身的风味。腿肉和脊肉等较为精瘦的部位可以从长时间的烹煮中吸收更多的汤汁，制作出美味的烩菜或炖菜。五花肉（腹部）也可以文火慢煮，只要在烹饪结束时撇去浮在汤汁表面的多余脂肪即可。

意式切法
及烹饪技巧

1 上脊
最适合烤制

2 后腿
主要用来制作火腿

3 蹄膀
炖煮和油炸

4 下脊
烩煮和炖煮

5 腹部
适用于制作馅料，或切薄片用于包裹食材，为肉类菜肴保湿

6 后肩
建议用于烤制

7 肩颈
制成极其美味的肉排

8 前腿
烤制和烩煮

9 颈
炖煮

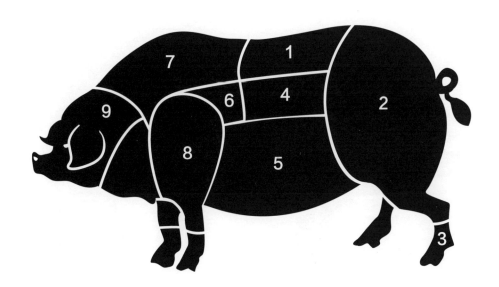

美式切法
及烹饪技巧

1 头
猪头肉冻

2 颈
烤制和炖煮，可切成小块用于烧烤或油炸，还可以切成薄片爆炒

3 腰脊
适合烤制，里脊适合炙烤，肉排适合煎烤，带骨肉排适合烧烤

4 腿
烤制，亦可切成小块烧烤或炖煮

5 腹部
烤制，可制成馅料、绞肉，或切成带骨肉排，也可以为炖菜增添风味

6 肩
炖煮

7 肘关节
炖煮

8 猪蹄
炖煮

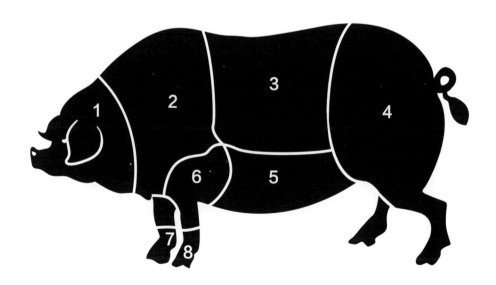

英式切法
及烹饪技巧

1 头
猪头肉冻和宠物
饲料

2 上颈
切成小块烧烤或油
炸，也可以切成薄片爆炒

3 下颈
烤制和炖煮

4 腰脊
主要用于烤制，里
脊可以烤、煎和炸，肉
排可以烧烤

**5 臀腿（腰脊部
末端）**
烤制，切成小块烧
烤和炖煮

6 后腿
烤制

7 后肘
烤制

8 腹部
烤制，可制成馅
料、绞肉或切成带骨肉
排，也可以为炖菜增加
风味

9 前肘
炖煮

10 猪蹄
炖煮

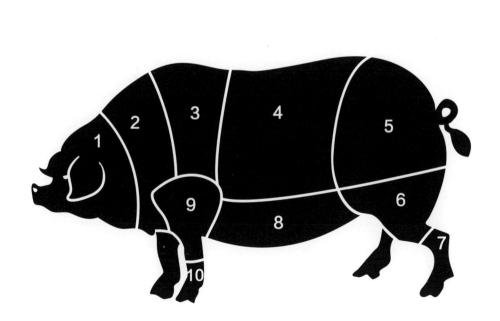

烤猪脊肉
Arista al forno

4人份
准备时长：20分钟
烹饪时长：1小时，另加10分钟静置

1瓣　大蒜，去掉蒜芯
1枝　迷迭香
700克　猪脊肉
100克　意式培根，切片
2~3汤匙　特级初榨橄榄油
⅔杯（50毫升）　干白葡萄酒
盐和黑胡椒

预热烤箱至180℃/挡位4。大蒜和迷迭香切碎。用刀在猪肉上扎几个较深的口子，然后把切好的大蒜和迷迭香塞进去。用盐和黑胡椒调味，轻轻揉搓可以令盐和黑胡椒更好地附着在肉的表面。然后用切成薄片的意式培根将猪脊肉卷起来，最后用厨房用绳绑牢。将肉放置在深烤盘中，淋上橄榄油，放入烤箱烤制20分钟。20分钟后，将肉从烤箱里拿出来，淋上干白葡萄酒后，重新将肉放回烤箱，继续烤制40分钟即可。

将烤好的肉放在案板上，去掉厨房用绳，并用锡箔纸将烤肉包起来，静置10分钟。在这一过程中，肉的纤维会重新吸收烹饪时流出的肉汁。上菜时，可将烤肉切成适口的薄片，搭配肉汁食用。

提示：凉的烤肉搭配温热的肉汁也非常美味。

◆

橙香烤猪肉
Arista all'arancia

6人份
准备时长：15分钟
烹饪时长：1小时30分钟

3汤匙　黄油
1½杯（350毫升）　橙汁，过滤
1茶匙　橙皮碎屑
1瓣　大蒜
一小撮　辣椒粉
一小撮　干牛至
1千克　猪脊肉，去骨
盐和黑胡椒

成品照片请见对页

预热烤箱至180℃/挡位4。将黄油放入锅中加热熔化，加入橙汁、橙皮碎屑、大蒜、辣椒粉和干牛至，再用盐和黑胡椒调味，并搅拌均匀，制成橙汁调料汁。用盐和黑胡椒给猪脊肉调味，轻轻揉搓，将肉放置在深烤盘中。紧接着倒入之前混合好的橙汁调料汁，即可将烤盘放入烤箱。烤制过程大约需要1小时30分钟，或直至猪肉的内部软嫩，其间要经常将汤汁淋在肉上。上菜前，建议将肉切成适口的薄片，搭配肉汁食用即可。

杜松子烤猪脊肉
Lonza di maiale al ginepro

4人份
准备时长：20分钟，另加2小时腌制
烹饪时长：1小时20分钟，另加5分钟静置

800克　猪脊肉
1个　红葱头，切片
1个　洋葱，切碎
10颗　杜松子，碾碎
2片　月桂叶
半杯（120毫升）　干白葡萄酒
4~6汤匙　橄榄油
100克　意式培根，切片
盐和黑胡椒

　　用刀在猪脊肉上扎几个小口，逐一塞入切好的红葱头。取一个小碗，放入切碎的洋葱、碾碎的杜松子、月桂叶、干白葡萄酒、2~3汤匙橄榄油、盐和黑胡椒，搅拌均匀制作成腌料。将猪脊肉放入腌料中，冷藏腌制2小时。

　　预热烤箱至180℃/挡位4。将猪肉从腌料中取出，腌料放在一旁备用。用切成薄片的意式培根将猪脊肉卷起来，再用厨房用绳绑牢。在深烤盘中倒入剩余的橄榄油，并将猪肉放置在深烤盘中，烤制1小时20分钟，其间不断地将腌料浇在烤肉上（煨汁）。将烤好的猪肉从烤箱里取出，去掉厨房用绳，并静置5分钟。上菜前，将猪肉切成适口的薄片，淋上温热的肉汁，即可装盘上桌。

　　提示：可以用切成薄片的板油（背膘）替代意式培根。若使用板油，烤制时便无需加入剩余的橄榄油。

烤猪脊肉配南瓜马铃薯泥

Carré con purè di zucca e patate

6人份
准备时长：30分钟
烹饪时长：1小时20分钟，另加5分钟静置

适量橄榄油
1.2千克　猪脊肉
几片　鼠尾草叶子
1枝　迷迭香
⅔杯（150毫升）　干白葡萄酒
800克　南瓜，削皮，去籽，切丁
500克　马铃薯，削皮并切碎
4汤匙　黄油
100克　红葱头，切碎
适量　红酒醋
盐和黑胡椒

预热烤箱至200℃/挡位6，并在深烤盘内壁刷一层橄榄油。用盐和黑胡椒为猪脊肉调味，然后将猪脊肉放在刷好油的深烤盘中。加入鼠尾草和迷迭香，放入烤箱烤制20分钟，其间不时将干白葡萄酒淋在肉上。

待猪脊肉烤了20分钟以后，将切好的南瓜放入另一个深烤盘中，淋上少许橄榄油，用盐和黑胡椒调味，并盖上锡箔纸，也放入烤箱。此时将烤箱的温度调至180℃/挡位4，继续烤制40分钟，其间依旧不时将干白葡萄酒淋在猪脊肉上。如果深烤盘中的肉汁有烤干的迹象，可以加入适量水。将烤好的猪脊肉从烤箱中取出并保温。

另取一口锅，加水并烧开，放入马铃薯，煮大约20分钟或直至马铃薯软糯。倒掉锅中的水，马铃薯沥干后放回锅中。待南瓜烤好，便可将其从烤箱中取出，与依然温热的马铃薯一起用压泥器捣成泥状，用盐和一半量的黄油调味，继续保温。

将剩余的黄油放入锅中加热熔化，加入切碎的红葱头和红酒醋，大火加热使醋蒸发。小心翻炒红葱头，其间可加入一些肉汁，直至将红葱头炒软。注意不要将红葱头炒焦，炒熟即可。将猪脊肉切成适口的薄片，放入盘中，搭配红葱头和南瓜马铃薯泥食用即可。

提示：红葱头很容易炒焦，炒制时应格外小心。如有需要，可以加1汤勺高汤或热水。

纸包烤猪里脊
Maiale in cartoccio al forno

4人份
准备时长：15分钟
烹饪时长：50分钟，另加5分钟静置

600克　猪里脊
30克　意式培根，切成长度类似火柴的小片
3汤匙　橄榄油，再备一些刷油用
1个　洋葱，切丝
2根　胡萝卜，切丝
盐和黑胡椒

预热烤箱至180℃/挡位4。用盐和黑胡椒给猪里脊调味，轻轻揉搓。用刀在猪里脊上扎大约10个小口，然后将长度类似火柴棍的意式培根塞进去。热锅热油，将猪里脊表面煎至上色。

将一大张长方形锡箔纸平铺在台面上，刷一些橄榄油，铺上洋葱和胡萝卜，上面放猪里脊。再用盐和黑胡椒调味，便可以用锡箔纸将食材包裹起来，放在深烤盘中，并移入烤箱，烤制40~45分钟。

打开锡箔纸，若食材中的水份过多，可以将其保持打开的状态，重新放回烤箱中，再烤制大约5分钟。烤好的肉静置5分钟，而后切片、摆盘，搭配蔬菜食用。

马铃薯烤猪肉
Carré di maiale al forno con patate

6人份
准备时长：30分钟
烹饪时长：1小时15分钟

1.2千克　带骨猪脊肉
40克　意式培根，切成长度类似火柴的小片
4~5汤匙　特级初榨橄榄油
⅔杯（150毫升）　白葡萄酒
800克　马铃薯，去皮，切小块
1枝　迷迭香
盐和黑胡椒

成品照片请见对页

预热烤箱至200℃/挡位6。用盐和黑胡椒给猪脊肉调味，轻轻揉搓。用刀在猪脊肉上扎一些小口，然后将长度类似火柴棍的意式培根塞进去。把肉放在深烤盘中，淋上橄榄油，放入烤箱为猪肉上色，整个过程需20分钟。将深烤盘从烤箱中移出，在肉的周围倒上白葡萄酒，继续烤制30分钟。

同时，将一锅水烧开，放入马铃薯，用沸水煮10分钟。煮好的马铃薯沥干后加入迷迭香和少许盐，搅拌均匀。之后，将烤箱温度调至180℃/挡位4，把马铃薯放入深烤盘，和猪脊肉一起再烤制30~35分钟。

提示：在将带骨猪脊肉放入烤箱之前，可以用锡箔纸将暴露在外的猪骨包裹起来，以避免猪骨在烤制时烧焦。

苹果汁烤猪脊肉
Arrosto di maiale al sidro e mele

6人份
准备时长：15分钟
烹饪时长：1小时15分钟，另加15分钟静置

800克　猪脊肉
混合了香草的切尔维亚甜盐，用于揉搓猪肉表面
2枝　迷迭香
2汤匙　黄油
4汤匙　特级初榨橄榄油
4个　小苹果
2枝　鼠尾草
1瓣　大蒜，压碎
1¼杯（300毫升）　发酵苹果汁
黑胡椒

用甜盐和黑胡椒为猪脊肉调味，轻轻揉搓表面。用厨房用绳将猪脊肉和迷迭香捆起来。珐琅锅里放入黄油和橄榄油，大火加热，然后放入猪脊肉煎至上色，切忌在翻动猪肉时将肉戳破。

与此同时，将苹果洗净，擦干水分，从苹果底部向上2~3厘米处入刀，用刀将果皮划一圈，放在一旁备用。

当肉的表面全部煎至金棕色时，加入鼠尾草和压碎的大蒜，调小火，倒入发酵苹果汁，文火慢炖至汤汁浓稠。然后加入苹果，加盖锅盖，以小火烹煮50~60分钟，其间偶尔翻动，但切记不要破坏猪脊肉的完整。待烹煮结束，便可将猪脊肉从珐琅锅中取出，用保鲜膜或锡箔纸包好，静置15分钟。上菜前，将厨房用绳去掉，将肉切成大小合适的薄片，过滤肉汁并盛入酱料碗。最后，将切好的烤猪脊肉和苹果盛入盘中，浇上肉汁即可。

提示：来自意大利切尔维亚的甜盐是一种未经人工干燥的天然海盐，仍保留其自然湿度，特有的甜味使其成为烹饪的理想选择。它可以和来自罗马涅地区的香草混合使用，例如香葱、大蒜、百里香和辣椒。

奶香炖猪里脊
Maiale al latte

6人份
准备时长：15分钟，另加12小时腌制
烹饪时长：1小时30分钟，另加15分钟静置

1.2千克　猪里脊
4粒　黑胡椒
6¼杯（1.5升）　全脂牛奶
2瓣　大蒜，蒜蓉
150克　意式培根，切薄片
4汤匙　橄榄油
适量高汤
盐
黄油炒菠菜撒上面包丁，配菜

　　将猪里脊放入一个大碗，加入黑胡椒和全脂牛奶，然后用保鲜膜包好，放入冰箱腌制12小时。12小时后，将猪肉捞出，并将其表面拍干。

　　预热烤箱至180℃/挡位4。在猪里脊表面涂抹蒜蓉和少许盐，轻轻揉搓，而后用切成薄片的意式培根将猪里脊卷起来，再用厨房用绳绑牢，放入深烤盘中。在肉上淋一些橄榄油和高汤，将深烤盘放入烤箱烤制1小时30分钟，其间需不时将肉汁淋在猪里脊上。同时，应根据需要不断加入高汤，以防止烤干。一旦烤制结束，即可将肉从烤箱中取出，去掉厨房用绳和意式培根，并用羊皮纸将肉包起来，静置至少15分钟。

　　在静置的同时，可以将肉汁过滤并倒入锅中，用小火收汁至稍微浓稠即可。上菜时，将肉切成适口的薄片并装盘，浇上一勺香浓的肉汁，搭配表面撒有面包丁的黄油炒菠菜食用。

　　提示：这道菜的另一种做法完全不使用烤箱。在炉灶上用锅将肉煎至上色，可加入一些切丝的红葱头增加风味。待肉的表面煎至金棕色，撒入一些面粉并翻炒，然后少量多次加入3杯（750毫升）牛奶，直接在火上炖煮1小时30分钟即可。

蜂蜜芥末烤猪肘

Stinco di maiale arrosto al miele e senape

6人份

准备时长：10分钟

烹饪时长：3小时，另加10分钟静置

3汤匙　颗粒型第戎芥末酱

2汤匙　槐花蜜

3块　猪肘

3汤匙　黄油

将近1杯（200毫升）　白葡萄酒

3枝　龙蒿，只取叶子，切碎

半颗　绿色或白色的卷心菜，去芯，切丝

盐

成品照片请见对页

预热烤箱至200℃/挡位6。第戎芥末酱和槐花蜜在小碗中混合均匀。猪肘表面用盐调味，然后刷上蜂蜜芥末酱。

深烤盘中放入黄油，以中火加热将其熔化，放入猪肘、白葡萄酒和一半量切碎的龙蒿叶。将烤盘移入烤箱，烤制约3小时，其间需不时将肉汁淋在猪肘上，直至猪肘质地酥软。

将猪肘从烤箱中取出，用锡箔纸包好，静置10分钟。上菜时，将剩余切碎的龙蒿撒在猪肘上即可。肉汁可以当作沙拉酱汁，用卷心菜制作一款简易沙拉，搭配猪肘食用。

提示：市面上可以买到的烟熏猪肘通常是熟的，同样也适用于本食谱。猪肘应该在水中煮1小时，以去除过于强烈的烟熏风味，然后在预热至180℃/挡位4的烤箱中烤制1小时。

柑橘桃金娘盐焗猪里脊
Filetti di maiale al sale di agrumi e mirto

4人份
准备时长：20分钟
烹饪时长：55分钟

2个　橙子，果皮碎屑
2个　无蜡柠檬，果皮碎屑
（所有柑橘应洗净并擦干）
约10杯（2千克）　粗盐
2个　蛋白
4枝　桃金娘，只取叶子
2条　猪里脊

酱汁：
3汤匙（50克）　苦橙果酱
¼杯（60毫升）　朗姆酒
1½汤匙　黄油
1枝　桃金娘
黑胡椒

成品照片请见对页

预热烤箱至180℃/挡位4。将橙皮碎屑、柠檬皮碎屑、粗盐、蛋白和桃金娘叶在碗中混合，"柑橘盐"就做好了。用柑橘盐厚厚地铺满整个烤盘的底部，把猪里脊放置在烤盘中心，用剩余的盐覆盖猪里脊，即可将烤盘移入烤箱，烤制50分钟。

接着制作酱汁。首先将苦橙果酱和朗姆酒倒入小锅，加入一点黄油，再研磨大量的黑胡椒，并把一枝桃金娘也放入锅中，小火慢煮5~6分钟即可。

上菜时，将猪里脊表面的盐壳打破，把肉取出切片，配以酱汁食用。

提示：如果不喜欢甜味的肉菜，可以用另一款酱汁替代。将⅔杯（150克）原味酸奶或酸奶油与2茶匙辣根酱混合，制作成酸奶酱汁。可以搭配炙烤红菊苣食用。

梅干烤猪排
Carré al prugne

6人份
准备时长：25分钟
烹饪时长：1小时30分钟，另加10分钟静置

1千克　带骨猪脊肉，剔掉脊骨，肋骨保留
⅔杯（150克）　去核西梅干
4汤匙　黄油
2汤匙　橄榄油
1个　红葱头，切碎
2汤匙　白兰地
盐和黑胡椒

预热烤箱至200℃/挡位6。将猪脊肉从中间纵向切开但不切断，像翻书一样打开，将西梅干排列在肉上，排成一排，剩余的西梅干切碎备用。把猪肉卷起来，用厨房用绳绑牢，用盐和黑胡椒调味。

在深烤盘里加入一半量的黄油和橄榄油，开火加热，待黄油熔化便可以离火，放入猪肉，然后将烤盘移入烤箱，烤制1小时15分钟，其间需不时将肉汁淋在猪肉上。

接下来制作酱汁。将剩余的黄油用平底锅熔化，加入切碎的红葱头，小火翻炒5分钟。加入切碎的西梅干，再翻炒5分钟。然后倒入白兰地，将锅稍微倾斜，点燃白兰地，以加速酒精蒸发。

把烤好的肉从烤盘中取出，静置10分钟。而后处理烤盘里剩余的肉汁，撇去表面多余的油脂，过滤后倒入之前翻炒过的西梅干中，即可完成酱汁的制作。上菜时，去掉厨房用绳，将肉切片后搭配梅干酱汁食用。

豌豆烩猪肉
Spezzatino con piselli

4人份
准备时长：25分钟
烹饪时长：1小时15分钟

将近1杯（200克）　罐头番茄
3汤匙　黄油
2汤匙　橄榄油
1个　洋葱，切碎
1瓣　大蒜，切碎
600克　去骨猪肩肉，切块
¾杯（175毫升）　红葡萄酒
1千克　新鲜带壳豌豆，去壳
盐和黑胡椒

成品照片请见对页

将罐头番茄倒入食物处理机，打成番茄泥，放在一旁备用。在一口大锅里放入黄油和橄榄油，加热使其混合后加入切碎的洋葱和大蒜，小火翻炒5分钟。然后加入切成小块的猪肉，炒至猪肉表面微黄，用盐和黑胡椒调味。紧接着倒入红葡萄酒，转大火煮至红葡萄酒完全蒸发，然后倒入番茄泥和豌豆，大火煮开后，转小火，烩煮1小时即可。

辛香烩猪肉
Spezzatino speziato

6人份
准备时长：20分钟
烹饪时长：55分钟

4汤匙　黄油
1千克　去骨猪肩肉，切小块
1½杯（350毫升）　干白葡萄酒
1茶匙　孜然粉
1瓣　大蒜，切碎
5片　柠檬，切碎
2茶匙　芫荽粉
盐和黑胡椒
你喜欢的香草　摆盘用

成品照片请见对页

　　在一口大锅里放入黄油，加热熔化，然后放入猪肩肉，大火翻炒，直至猪肉表面全部变成金棕色。调小火，向锅中倒入一半量的干白葡萄酒，加入孜然粉和切碎的大蒜，用盐和大量的黑胡椒调味，搅拌均匀。大火煮开后加盖锅盖，小火烩煮30分钟，或直至猪肉软嫩，即可加入剩余的干白葡萄酒和柠檬，中火收汁，翻炒至酱汁变得浓稠。最后拌入芫荽粉，装盘并上桌，用你喜欢的新鲜香草装饰即可。

炖煮猪肉
Brasato di capocollo

4人份
准备时长：20分钟，另加8小时腌制
烹饪时长：1小时30分钟

800克　猪脖颈肉
2汤匙　橄榄油
一小块　黄油
1¼杯（300毫升）　梅洛红葡萄酒
3~4汤匙　番茄泥
适量高汤，足以浸没猪肉
盐
波伦塔（见第283页）或香浓马铃薯泥（见第278页）配切片松露，配菜

腌料：
1¼杯（300毫升）　梅洛红葡萄酒
1个　洋葱　粗粗切碎
2片　月桂叶
4颗　杜松子
8粒　黑胡椒
4粒　丁香

　　把猪脖颈肉切成方块，放入一个耐酸的大容器里，倒入梅洛红葡萄酒、洋葱和香料，覆盖保鲜膜，放入冰箱腌制8小时或整晚。

　　开始做这道菜时，将肉从腌料中取出，并过滤腌料，将固体和液体分离，分别放在一旁备用。珐琅锅中放入橄榄油和黄油，中小火加热，待黄油熔化后，将猪肉煎至上色。如有必要，可分批操作。在猪肉下锅之前，确保猪肉表面没有多余的水分。

　　所有的猪肉都被煎至金棕色后，全部放回珐琅锅中，用盐调味，倒入备用的腌料汁、剩余的梅洛红葡萄酒和番茄泥，大火煮开，使红酒完全蒸发后，加入之前腌制用的洋葱和香料，再加入高汤，使汤汁足以浸没猪肉，大火烧开后转小火，煮30分钟，或直至猪肉和蔬菜变得软嫩，其间应注意检查，如果需要的话，可以添加少量水。

　　炖煮好的猪肉可以搭配波伦塔或香浓马铃薯泥配切片松露食用。

迷迭香炖煮猪肉
Arrosto con il rosmarino

6人份
准备时长：20分钟，另加10分钟静置
烹饪时长：1小时45分钟

1~2枝　迷迭香，只取叶子
1千克　猪脊肉，去骨
2汤匙　黄油
6汤匙　橄榄油
1瓣　大蒜，压碎
半个　洋葱，切碎
¾杯（175毫升）　干白葡萄酒
1汤匙　白葡萄酒醋
1茶匙　第戎芥末酱
盐和黑胡椒

成品照片请见对页

用力将一半量的迷迭香叶片塞入猪脊肉表面，用厨房用绳绑牢。大平底锅里放入黄油和4汤匙橄榄油，大火加热使黄油熔化，然后放入猪脊肉，煎至猪肉的表面全部变成金棕色。加入大蒜、洋葱和剩余的迷迭香，倒入干白葡萄酒，大火煮沸，使白葡萄酒蒸发。调味后盖锅盖，转小火，继续炖煮约1小时30分钟，或直至猪脊肉软嫩。将猪脊肉从锅中取出，静置10分钟。

静置的同时，向刚刚煮肉的锅中加入白葡萄酒醋、剩余的橄榄油、第戎芥末酱和一小撮黑胡椒，使之与肉汁混合，搅拌均匀，酱汁便制作完成了。

上菜时，去掉猪脊肉上的厨房用绳，把肉切成合适的厚片并装盘，浇上酱汁即可食用。

炖煮猪脊肉配杏酱汁
Arista con salsa alle albicocche

6人份
准备时长：25分钟，另加8小时腌制
烹饪时长：1小时15分钟

1.6千克　猪脊肉，猪骨备用
1¼杯（300毫升）　格拉帕酒
1⅓杯（225克）　杏干
1汤匙　橄榄油
适量高汤（可选）
5汤匙　白葡萄酒醋
2汤匙　芥末酱
2汤匙　砂糖
2汤匙　中筋面粉
1汤匙　黄油（室温）
盐和黑胡椒
你喜欢的的香草　摆盘用

腌料：
1瓶（750毫升）　干白葡萄酒
5粒　丁香
3瓣　大蒜，切碎
1个　洋葱，切碎
30粒　黑胡椒
粗盐

成品照片请见对页

把腌肉所需的所有食材放在一个大碗中混合，做成腌料。将猪脊肉和猪骨放入腌料中，覆盖保鲜膜，放入冰箱腌制8小时或过夜。

另取一个碗，倒入格拉帕酒，加入杏干，浸泡5小时使之变软。

8小时后或第二天，将猪脊肉和猪骨从腌料中捞出，过滤腌料，放在一旁备用。珐琅锅中倒油，中火烧热，放入猪脊肉和猪骨，煎制约5分钟，直至上色。将备用的腌料汁倒入锅中，用盐和黑胡椒调味，大火烧开后，转小火，加盖锅盖煮1小时，不时翻动一下猪脊肉和猪骨。将猪脊肉从珐琅锅中取出，用锡箔纸包好，放在温暖的地方保温。

保温的同时，过滤锅里的肉汁。过滤后的肉汁应约为1½杯（350毫升），如有必要可以加入一些高汤。将肉汁重新倒回珐琅锅中，加入泡软的杏干、格拉帕酒、白葡萄酒醋、芥末酱和砂糖，用小火加热30分钟。将中筋面粉和黄油混合制成面糊，倒入锅中，继续煮2分钟或直至酱汁变得稍微浓稠。

上菜时，将肉切成适口的薄片，浇上温热的酱汁，用你喜欢的新鲜香草装饰即可。

刺山柑烩煮猪脊肉
Bocconcini ai capperi

4人份
准备时长：15分钟
烹饪时长：1小时40分钟

3汤匙　黄油
2汤匙　橄榄油
800克　猪脊肉，切方块
1个　洋葱，切碎
1根　芹菜，切碎
3片　鼠尾草叶，切碎
一小撮　百里香
1片　月桂叶
将近1杯（200毫升）　干白葡萄酒
1汤匙　中筋面粉，过筛
2汤匙　腌刺山柑，冲洗干净
2根　腌小黄瓜，切片
1个　蛋黄
盐和黑胡椒

成品照片请见对页

　　珐琅锅中放入黄油和橄榄油，大火加热使黄油熔化，放入猪脊肉，持续搅拌约10分钟。用盐和黑胡椒调味，加入洋葱、芹菜、鼠尾草、百里香和月桂叶。调至中火，倒入干白葡萄酒，使其在沸煮的过程中蒸发。加入过筛的中筋面粉，搅拌均匀，然后倒入小半杯（100毫升）水，大火煮沸后，转小火，加盖锅盖，煮1小时20分钟。

　　将猪脊肉从珐琅锅中取出，放在一旁备用。将腌刺山柑和腌黄瓜片加入珐琅锅中边加热边搅拌均匀，然后离火，加入蛋黄并搅拌。而后，将猪脊肉重新放回锅中，令猪肉表面裹满酱汁，并吸收酱汁的风味。将烩菜倒入准备好的餐盘中即可。

牛奶炖猪肉
Arista al latte profumato

6人份
准备时长：20分钟，另加浸泡12小时
烹饪时长：2小时10分钟

1.2千克　去骨猪脊肉
8½杯（2.5升）　牛奶
3汤匙　黄油
2片　月桂叶
1块　浓汤宝
一小撮　肉豆蔻
1枝　百里香，只取叶子
盐和黑胡椒

把猪脊肉放在一个大碗里，倒入4¼杯（1升）牛奶，将猪脊肉浸泡在牛奶中，在冰箱里冷藏12小时。

在一个深烤盘（最好和猪脊肉的大小一样）中放入黄油，中火加热使其熔化。将猪脊肉从牛奶中取出，沥干后放入烤盘煎至上色，大约需要6分钟。用黑胡椒调味。牛奶用小火加热，然后倒入深烤盘。接着加入月桂叶和浓汤宝，用小火炖煮约2小时，或直至汤汁几乎收干，其间需不时翻动猪肉，令其受热均匀。

烹饪结束前，在锅中加入一小撮肉豆蔻，并用盐调味。然后便可将猪肉取出，静置几分钟。若锅中的肉汁过少，可以加入热水稍稍稀释，再倒入食物处理机中搅打成顺滑的酱汁。将猪脊肉切成适口的薄片，浇上酱汁即可上桌。

提示：这种以牛奶为基底的汤汁质地较稀，且含有一些食物碎块，若想得到质地如奶油般顺滑的酱汁，只需使用食物处理机或手持搅拌机稍加搅打即可。

◆

泡红辣椒炒猪肉
Maiale ai peperoncini sott'aceto

6~8人份
准备时长：10分钟
烹饪时长：30分钟

将近半杯（100毫升）　植物油
1.2千克　猪肉，切小块
1杯（200克）　泡红辣椒，去籽，切丝
盐和黑胡椒

成品照片请见对页

珐琅锅中倒油，大火加热，放入切成小块的猪肉，将猪肉煎至上色。加入红泡椒，倒入少许热水，用中火持续翻炒20~25分钟。用盐和黑胡椒调味。将炒好的猪肉装盘，趁热食用。

提示：这道菜应选择油脂较为丰富的部位，例如猪肩肉，这样才能在烹饪过程中逼出油脂，保证成品鲜嫩多汁。

红酒炖猪小腿佐菠菜
Stinco di maiale al vino rosso con spinaci

4人份

准备时长：20分钟，另加7~8小时腌制

烹饪时长：2小时10分钟

2块　带骨猪小腿

2¼杯（500毫升）　红葡萄酒

1个洋葱　一半切丝，一半切碎

4颗　杜松子，碾碎

1片　月桂叶，切碎

2枝　欧芹，叶子切碎，茎保留

1枝　迷迭香

3枝　百里香

2枝　马郁兰

2~3片　橙子皮，用削皮刀获取

3汤匙　黄油

600克　菠菜，洗净

盐

成品照片请见对页

将带骨猪小腿放入一个大碗里，倒入红葡萄酒，加入洋葱丝、碾碎的杜松子、切碎的月桂叶、欧芹的茎、另外3种香草和橙子皮。用保鲜膜包好，将猪肉放入冰箱，冷藏腌制7~8小时，其间偶尔翻动一下。

腌制完成后，预热烤箱至180℃/挡位4。将带骨猪小腿从腌料中取出，用厨房纸将猪肉拍干，然后用盐调味。过滤腌料，放在一旁备用。

珐琅锅放入黄油，大火加热熔化，将带骨猪小腿煎5~6分钟直至上色。火量调至中火，加入洋葱碎，翻炒2~3分钟。将腌料汁倒入锅中，以大火煮开后，将珐琅锅移入烤箱，烤制2小时，其间应不时将汤汁淋在猪小腿上。烤制完成后，将珐琅锅从烤箱中取出，取出猪小腿，用锡箔纸包好，静置10分钟。

静置的同时，另取一口锅，倒入清水并烧开，放入菠菜焯2~3分钟，捞出沥干。开火将珐琅锅中的肉汁加热，放入菠菜，稍稍煮软即可。上菜时，先把煮好的菠菜放在盘中，再把带骨猪小腿放在菠菜上，撒上切碎的欧芹即可。

提示：菜谱中的红葡萄酒可以用香醇的白葡萄酒替代。也可以在炒洋葱的时候放入一些切成小丁的胡萝卜、芹菜，以及少许姜蓉。

牛肉

牛肉是当之无愧的肉类之王，其口感和风味取决于3个方面：牛的年龄、饲料和悬挂熟成的时长。这其中自然有很多乐趣。有些历史悠久的品种，例如长角牛，已经重新在美国繁殖饲养，因此，优质的有机牛肉如今并不难觅。除了品种，肉的颜色也能传递许多信息：按照传统方法制作的熟成牛肉呈暗红色，脂肪则呈淡黄色；如果牛肉在屠宰后不久便被真空包装，肉则会呈现鲜红色，脂肪呈白色，风味也比前者差。稀有的牛肉品种经过长时间的悬挂熟成价格会更高，如果负担得起，经过时间沉淀而得的美味一定物超所值。

想要最大限度地体现牛肉的风味，关键在于保留牛肉的肉汁。因此，在准备牛肉时，应该将牛肉放在盘子里，而不是长时间放在木质案板上，以避免木头吸收牛肉的肉汁。建议在烹饪前1小时将牛肉从冰箱中拿出，待牛肉达到室温再进行烹饪，以达到最佳口感，避免将牛肉暴露在空气中，应密封放置在阴凉的地方。

对于烤牛肉来说，最好的方式是串烤。高温使牛肉的表面形成一层薄薄的保护层，有助于保留肉汁并增强风味。锅烤可以在炉火上或者烤箱中进行。在任何情况下，将牛肉煎至上色都是保留肉汁最有效的方法。在用盐调味之后，便可以将牛肉放在珐琅锅中移入预热的烤箱中烤制。为了防止牛肉被烤干，可以将烹饪时产生的肉汁淋在牛肉表面。中等块或大块的肉用厨房用绳绑牢后，使其在烹饪过程中均匀受热，达到更好的效果。

炖煮牛肉时，首先需将牛肉煎至上色，再用水或者葡萄酒融化锅底的结块，然后加入足够的水，加盖锅盖并以小火慢煮。炖煮牛肉时通常会加一些蔬菜和香草，例如洋葱、胡萝卜、芹菜和百里香。

烩煮或原汁煮在技法上与炖煮类似，区别在于烩煮通常会加入一些番茄制品且水分更少。制作烩菜时，通常将牛肉里多余的油脂煸出，上色后用葡萄酒、高汤或水融化锅底的结块，小火烩煮3~4小时后，菜肴仍保有汤汁。烩菜通常质地浓稠且风味十足。

适合烤制的部位

大致分为4个部位：2个前躯和2个后躯。前躯的肉较精瘦，肌肉更发达，所以需要较长的烹饪时间。牛的全身适合烤制的部位很多，但最好的部位是肋排（带骨或剔骨）、西冷、臀里脊和里脊（菲力）。这些部位的牛肉应该用高温烹饪，以使其表面迅速形成硬壳，而淋肉汁的动作则可以帮助牛肉保持湿润。带骨烤制的牛肉会赋予菜肴更多的风味，若保留脂肪，牛肉的口感则更为多汁。

适合烩煮和炖煮的部位

无论烩煮还是炖煮，牛小腿、牛胸肉和脖颈肉都是极其适合文火慢煮的部位。这些部位通常含有丰富的结缔组织（胶原蛋白），结缔组织经过长时间的烹煮后会分解成柔滑的明胶，让牛肉更为鲜嫩多汁。牛胸肉也适合烧烤，可以作为经典菜肴"手撕猪肉"极好的牛肉替代品。

牛排

牛里脊（菲力）是最嫩的部位，它是牛身上运动最少的部位，结缔组织和脂肪最少。菲力牛排鲜嫩可口，应以最快的速度用大火烹饪，以保持湿润度和风味。和牛里脊一样，肋眼同样是牛身上较少运动的部位，所以口感较嫩滑。肋眼一般被烹饪到五分熟，这块肉中间有一条脂肪贯穿整个肋脊，成为了它的"眼睛"，这也是肋眼名称的由来。

臀里脊牛排和膈肌牛排是价格较便宜的肉排，肉香浓郁，更有嚼劲，适合烹饪到一分熟或以小火慢煮。

意式切法
及烹饪技巧

1 雪花肉（前胸）
煮

2 中下颈脖肉
烩煮和煮

3 中下颈脖肉
相当精瘦的部位；
烩煮、煮；肉卷和肉片

4 颈脖肉
煮和烩煮

5 上脑
煮和炖煮

6 肩肉
煮

7 肩背肉
意大利语原意为牧师的帽子，因其略呈三角形的形状而得名，软嫩、多汁；炖煮、烩煮和煮

8 前小腿腱
煮、炖煮和烩煮

9 牛臀肉
牛排、煮；肉卷和肉片

10 眼肉
煮

11 肋条肉
汤

12 胸肉
煮和烩煮

13 牛腩
汤、烩煮和肉丸

14 小排
高汤和煮

15 脊肋排
肋眼牛排

16 腰背肉
牛排和佛罗伦萨风牛排

17 里脊肉
最嫩、最美味的部位；烤和烧烤

18 后腹肉排
烩煮

19 臀腰肉
软嫩的部位；大块烤

20 臀肉
非常软嫩。肉卷、肉片、牛排和烤

21 近尾乳房肉
做成馅料；烤

22 腿肉
煮

23 后腿肉
牛排、肉卷、烤、烩煮、炙烤，甚至可以生吃

24 后臀肉
牛排和切片

25 臀腰肉
烤、煮、炖煮和烧烤

26 上臀腰肉
烩煮和煮

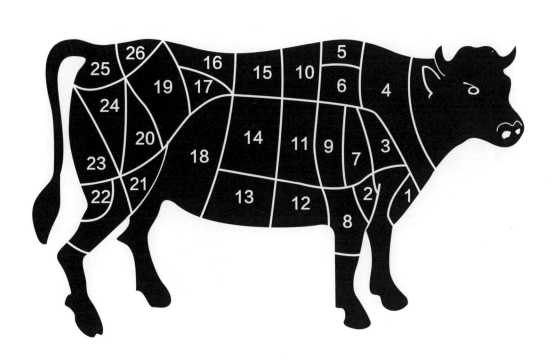

美式切法
及烹饪技巧

1 肩颈
炖煮、烤制、炖菜

2 侧肋排
炖煮、炙烤

3 肋排
烤制

4 小肋排
烤制、肋眼牛排

5 前腰脊
切成块、战斧牛排、
T骨牛排

6 后腰脊（西冷）
烤制、牛排、牛里
脊和纽约客牛排

7 臀腿
切成大块烤制、炖
煮、牛排，也适合油炸

8 后腱
烩煮和制作高汤

9 侧腹部
切成侧腹牛排，炙
烤和油炸

10 胸腹肉
炖煮

11 胸肉
炖煮和烟熏

12 前腱
烩煮和制作高汤

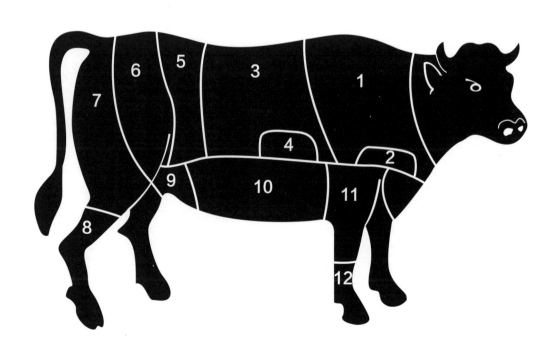

英式切法
及烹饪技巧

1 颈肉
烩煮

2 肩肉
烩煮

3 肩胛肉
炖煮和烩煮

4 前肋排
烤制

5 肋排
烤制

6 小肋排
烤制

7 尾肋排
烤制

8 后腰（西冷）
烤制、牛排

9 臀肉
烤制、牛排

10 银边肉（粗修米龙）
烤制、炖煮

11 上股肉
炖煮、烤制

12 后腿根肉（粗修膝圆）
烤制、炖煮、切片小火煎

13 后腿
烩煮、炖菜

14 侧腹肉
烩煮、肉糜

15 胸肉
煮、炖煮、烤制、盐腌

16 前腿
烩煮、炖菜

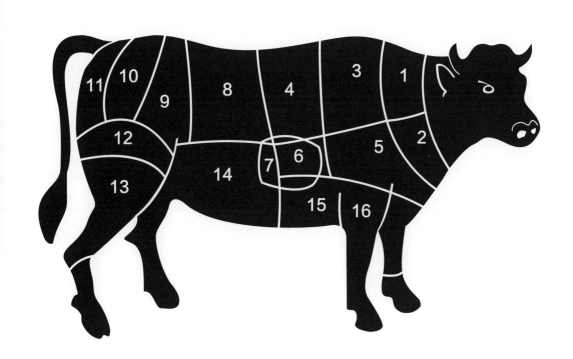

酥皮烤牛肉
Arrosto in crosta

6人份
准备时长：30分钟，另加20分钟冷却
烹饪时长：50分钟

40克　干牛肝菌
3汤匙　黄油
1瓣　大蒜，碾碎
1汤匙　切碎的欧芹叶
800克　牛里脊
半杯（120毫升）　白兰地
100克　意式火腿
240克　酥皮面团
1个　蛋黄，打散制成蛋液
半杯（120毫升）　蔬菜高汤
盐和黑胡椒

把干牛肝菌放在碗里，用温水中浸泡20分钟，捞出沥干，清理干净后切碎，放在一旁备用。

珐琅锅中放入2茶匙黄油，中火加热熔化，加入碾碎的大蒜翻炒，上色后加入切碎的牛肝菌和一汤勺开水，加盖锅盖焖煮10分钟，然后用盐调味，挑出大蒜丢弃，加入切碎的欧芹叶，混合均匀后离火，即制成蘑菇酱。

用盐为牛里脊调味，另取一口珐琅锅放入剩余的黄油，大火加热熔化，放入牛肉，煎6~7分钟至上色，倒入白兰地，继续以大火加热使白兰地蒸发，即可关火，将牛肉取出，冷却至室温。

预热烤箱至200℃/挡位6。将刚做好的蘑菇酱涂抹在冷的牛肉上，再用意式火腿将其裹起来。

将酥皮面团在台面上擀开，使其足以将牛肉包起来，将牛肉放在酥皮的一端，然后卷起包好。向蛋液里加入几滴冷水，将稀释过的蛋液刷在酥皮上，烤制后成品的外壳会金黄闪亮。移入烤箱烤制25分钟。

与此同时，以中火加热珐琅锅里煎牛肉时产生的汤汁，并加入蔬菜高汤，用木勺将锅底的棕色结块铲起并不断搅动，使之熔化（即烧汁），制成酱汁，倒入准备好的酱料碗中，和烤好的牛肉一起上桌即可。

烤牛肉佐西梅酱
Manzo all'agrodolce

4人份
准备时长：15分钟
烹饪时长：45分钟

800克　牛臀腿部（上部）
3汤匙　液态黄油
2个　洋葱，切碎
1杯（180克）　去核西梅干，切大块
2汤匙　白葡萄酒醋
1束　欧芹，切碎
盐和黑胡椒

预热烤箱至180℃/挡位4。用厨房用绳将牛肉绑牢，表面涂抹液态黄油，然后把牛肉放在一口大平底锅里，大火煎至上色。

在深烤盘的底部铺上一层切碎的洋葱，将煎至上色的牛肉放在上面，再倒入锅中熔化的黄油，用盐和黑胡椒调味，在烤箱里烤制40分钟，其间不时将热水淋在肉上。

同时，把西梅干放进一口小锅中，倒入半杯（120毫升）水和2汤匙白葡萄酒醋，小火慢煮直至变软。用盐和黑胡椒调味，再煮10分钟，制成西梅酱。将牛肉从烤箱中取出，静置5分钟。

用食物处理机或手持搅拌机把肉汁和洋葱打成酱汁。牛肉切成适口的薄片，淋上酱汁，撒上切碎的欧芹，搭配西梅酱食用。

熏肉烤牛肉
Magatello lardellato

6人份
准备时长：20分钟，另加1小时冷冻
烹饪时长：40分钟

100克　熏肉，切成长度类似火柴的小片
6片　月桂叶
3枝　百里香
700克　牛臀里脊
适量橄榄油
⅔杯（150毫升）　干白葡萄酒
将近半杯（100毫升）　蔬菜高汤
盐和黑胡椒

将切成长度类似火柴的小片的熏肉放在冰箱里冷冻1小时。预热烤箱至220℃/挡位7。

将1片月桂叶和1枝百里香（只取叶子）切碎，用盐和黑胡椒调味，将熏肉与切碎的香草混合均匀。用一把锋利的刀在牛肉上扎几个小口，把熏肉塞进开口处，刷上橄榄油，放在一旁备用。将平底煎锅烧至冒烟，把牛肉放入锅中煎至上色，而后移至深烤盘中，平底锅中的肉汁也可一并倒入，再加入剩余的月桂叶和百里香，倒入干白葡萄酒，放入烤箱烤制25分钟，其间不时将肉汁淋在牛肉上。烤牛肉应该是深棕色的，但切忌烤干，所以要不时检查烤盘中的水，可以适时加点水。

将肉从烤盘中取出，静置10分钟。在深烤盘中倒入蔬菜高汤，以中火加热烤盘，将烤盘底部的结块铲下来并烧汁，搅拌均匀，待汤汁变少后过滤，酱汁便制作完成。上菜时，将牛肉切成适口的薄片，浇上酱汁即可。

烤牛肉佐栗子酱汁
Roast-beef con le castagne

6人份
准备时长：15分钟，另加6小时浸泡
烹饪时长：1小时至1小时15分钟，另加10分钟静置

100克　干栗仁
1千克　牛里脊
2汤匙　黄油
1汤匙　橄榄油
1根　芹菜，切碎
1个　洋葱，切碎
1根　胡萝卜，切碎
1枝　迷迭香，切碎
5汤匙　干白葡萄酒
3汤匙　厚奶油
盐和黑胡椒
蒜蓉炒四季豆（见第258页），配菜（可选）

成品照片请见对页

干栗仁用温水浸泡6小时，捞出沥干，放在一旁备用。

预热烤箱至200℃/挡位6。用厨房用绳将牛肉绑牢。深烤盘中加入黄油和橄榄油，大火加热使黄油熔化，放入牛肉煎至上色。用盐和黑胡椒调味，放入切碎的芹菜、洋葱、胡萝卜和迷迭香，翻炒10分钟，倒入干白葡萄酒，待葡萄酒完全蒸发，即可用锡箔纸覆盖深烤盘，移入烤箱，烤制30~40分钟。烹饪的时长取决于你喜欢的熟度，一分熟需要约30分钟，五分熟则需要至少40分钟。

同时，将栗仁放入沸水中煮软后捞出沥干，借助筛网碾压成泥状。

把肉从烤箱里取出，静置10分钟，去掉厨房用绳，切成厚度适口的薄片。

烤盘在炉火上以小火加热，加入厚奶油和栗子泥，不停地搅拌，直至酱汁变得浓稠，倒入酱汁碗中，和牛肉一起上桌。

牛里脊菊苣三明治
Filetto al rosso trevigiano

4人份
准备时长：15分钟
烹饪时长：25分钟，另加5分钟静置

适量橄榄油，用于涂刷烤盘
700克　牛里脊，纵向对半切开
350克　特雷维索红菊苣，切丝
200克　帕玛森干酪，切成薄片
1束　欧芹，切碎
半个　柠檬，榨汁
盐和黑胡椒

成品照片请见对页

预热烤箱至180℃/挡位4，在深烤盘内壁刷一些橄榄油。

用肉锤将牛肉敲打成两片同样大小的肉片。将其中一片放置于准备好的深烤盘中，取一半量的特雷维索红菊苣丝和一半量的帕玛森干酪铺在肉上，然后把另一片肉盖在上面，铺上剩余的菊苣丝和干酪，用盐和黑胡椒调味，再撒上切碎的欧芹，即可放入烤箱烤制25分钟。

将烤盘从烤箱中取出，静置5分钟，然后将肉切成合适的大小，淋一些柠檬汁，即可装盘上桌。

烤牛腿肉佐洋蓟酱汁
Arrosto alla crema di carciofi

4人份
准备时长：25分钟
烹饪时长：1小时45分钟

5汤匙　橄榄油
2汤匙　黄油
1枝　迷迭香，切碎
2~3片　鼠尾草叶，切碎
800克　牛臀里脊（牛腿肉）
半杯（120毫升）　白兰地
1杯（250毫升）　高汤
8颗　洋蓟
1个　洋葱，切碎
1枝　欧芹，切碎
盐和黑胡椒

预热烤箱至180℃/挡位4。深烤盘中放入3汤匙橄榄油和一半量的黄油，中火加热熔化，加入切碎的迷迭香和鼠尾草，翻炒出香味后放入牛肉，煎至上色。用盐和黑胡椒调味。倒入白兰地烧汁，待白兰地完全蒸发后，倒入一大汤勺高汤，即可将烤盘移入烤箱，烤制1小时20分钟。可根据需要加入更多的高汤，以确保烤盘中有足够的汤汁。

同时，用刀将所有的洋蓟四等分。烧一锅开水，将洋蓟煮熟，大约需要5分钟。另取一口平底锅，放入剩余的橄榄油和黄油，中火加热熔化，加入切碎的洋葱和欧芹，翻炒出香味后加入沥干的洋蓟，继续翻炒约15分钟即可关火。随后将炒好的洋蓟用食物处理机或者手持搅拌机打成酱汁。

在烹饪结束前15分钟，将制作好的洋蓟酱汁倒入烤盘中，使牛肉裹上酱汁。烹饪结束后，将牛肉切成厚度适口的薄片，淋上酱汁即可上桌。

煎牛里脊佐欧芹青酱
Filetto al pesto prezzemolato

6人份
准备时长：20分钟
烹饪时长：20分钟

700克　整块牛里脊
适量橄榄油
盐和黑胡椒

欧芹青酱：
2束　罗勒
1束　欧芹
一满汤匙　松仁
1瓣　大蒜，去除蒜芽
适量橄榄油，依口味添加
盐

成品照片请见对页

牛里脊用盐和黑胡椒调味，表面刷一层橄榄油，平底锅以中火烧热，放入牛里脊煎至你喜欢的熟度，五分熟需要约20分钟。煎好的牛肉从锅中取出，静置。

同时，将罗勒、欧芹、松仁、大蒜、少许盐和足量的橄榄油混合，用手持搅拌机或食物处理机搅拌成浓稠的酱汁。

将牛肉切成适口的薄片，装盘，淋上青酱即可上桌。

提示：若使用整瓣大蒜，可将其切成两半，去掉蒜芽，这会使大蒜更容易消化。

烤牛肝菌牛肉卷
Filetto farcito ai funghi

6人份
准备时长：15分钟，另加20分钟浸泡
烹饪时长：30分钟

50克　干牛肝菌
1千克　牛里脊
70克　意式火腿片
50克　帕玛森干酪，切片
1枝　迷迭香，只取叶子，切碎
5汤匙　橄榄油
小块　黄油
⅔杯（150毫升）　白葡萄酒
盐

将干的牛肝菌放在一碗温水里浸泡20分钟。

预热烤箱至180℃/挡位4。用一把锋利的刀顺着牛里脊的纹理切至四分之三处，注意不要切断，然后将牛里脊像翻书页一样打开，用肉锤敲打，令其变嫩，同时延展变薄。

将浸泡好的牛肝菌捞出，用厨房纸拍干，切碎后均匀地撒在牛肉上，其上依次放意式火腿、帕玛森干酪和切碎的迷迭香。然后将牛肉卷起来，并用厨房用绳绑牢，用盐调味。

在深烤盘中放入橄榄油和黄油，中火加热使黄油熔化，放入牛肉煎至上色，倒入白葡萄酒，待其完全蒸发，将烤盘移入烤箱，烤制25分钟，即可上桌。

锅烤牛肉
Stracotto semplice

4人份
准备时长：15分钟
烹饪时长：1小时10分钟

800克　牛肩肉
4汤匙　橄榄油
1个　洋葱，切大块
1根　胡萝卜，切大块
2根　芹菜，切大段
半杯（120毫升）　白葡萄酒，温热
适量热高汤
半汤匙　中筋面粉
一小块　黄油
盐和黑胡椒

珐琅锅中加入橄榄油，中火加热，放入牛肉，煎至上色后取出。加入3种蔬菜翻炒至表面金黄，再将牛肉放回锅中，倒入温热的白葡萄酒，待其完全蒸发后，倒入足以浸没食材的热高汤，用盐和黑胡椒调味，加盖锅盖，焖煮1小时后，将牛肉捞出，静置片刻。

与此同时，用食物处理机或手持搅拌机将珐琅锅中的汤汁和蔬菜搅打至顺滑后倒入一口平底锅中。把面粉和黄油放入小碗中混合，倒入锅中，搅拌均匀，中火加热至汤汁浓稠。

将肉切成厚度适口的薄片，装盘，淋上浓稠的酱汁即可。

提示：要简化酱汁的制作，则无需混合面粉和黄油，可以用1汤匙高汤将面粉调开，再倒入锅中与汤汁混合。

◆

佛罗伦萨风味炖牛肉
Stracotto alla fiorentina

6人份
准备时长：30分钟
烹饪时长：2小时15分钟

3根　胡萝卜
1块　精瘦的牛肉，如臀腿肉
40克　意式培根，切条
1根　芹菜，切碎
半颗　洋葱，切碎
4汤匙　橄榄油
¾杯（175毫升）　红葡萄酒
500克（约4个）　番茄，去皮，去籽，切碎
盐和黑胡椒

成品照片请见对页

将一根胡萝卜切长条备用，剩余的胡萝卜切碎。在牛肉上撒盐和黑胡椒，并轻轻揉搓。将切成长条的胡萝卜和意式培根放在牛肉上，并用厨房用绳将它们牢牢地捆在一起。

在一口大平底锅中倒入橄榄油，大火加热，放入切碎的洋葱、胡萝卜和芹菜翻炒，加入牛肉煎至上色。倒入红葡萄酒，待其完全蒸发后加入切碎的番茄，调小火，加盖锅盖，小火焖煮2小时。

将牛肉从锅中取出，去掉厨房用绳，切分后装盘。然后将锅中的肉汁和蔬菜用搅拌机搅碎，浇在切好的肉上，即可上桌。

凤尾鱼煨牛肉
Manzo alle Acciughe

6人份
准备时长：30分钟
烹饪时长：3小时15分钟

4条　盐渍凤尾鱼，洗净去骨
1茶匙　肉豆蔻，研磨成粉状
1个　柠檬，榨汁
1千克　适合炖煮的牛肉，如牛肩肉
2汤匙　橄榄油
⅔杯（50毫升）　干白葡萄酒

　　把2条盐渍凤尾鱼切成小丁，用研磨成粉状的肉豆蔻和3~4滴柠檬汁调味。用一把锋利的刀在牛肉上扎几个小口，把凤尾鱼丁塞进去。取一口大的陶锅或砂锅，倒入橄榄油，小火加热，加入剩余的凤尾鱼翻炒，滴入少许柠檬汁，直至凤尾鱼与橄榄油完全融合，放入牛肉，调中小火，煨大约3小时。烹饪期间，偶尔淋一些干白葡萄酒和水，以避免锅烧干。待肉煮熟后，即可关火，上桌享用。

　　提示：若不使用市售的腌凤尾鱼，也可以自己在家制作新鲜的盐渍凤尾鱼。盐的用量是凤尾鱼重量的¼。凤尾鱼切掉头部，净腔，保留鱼骨，清洗干净并拍干。取一个干净的容器，先在底部撒一层盐，然后铺一层凤尾鱼，压实后再撒一层盐，如此反复，直到用完所有食材。将容器加盖密封，盖子上压重物，在阴凉处腌制至少2个月。

葱香牛肉
Spezzatino al vino e cipolle

4人份
准备时长：20分钟
烹饪时长：20分钟

5汤匙（65克）　黄油
6个　洋葱，切碎
150克　意式培根，切碎
600克　适合炖煮的牛肉，如牛肩肉，切块
¼杯（25克）　中筋面粉
将近1⅔杯（375毫升）　干白葡萄酒
将近1⅔杯（375毫升）　红葡萄酒
盐和黑胡椒

　　平底锅中加黄油，小火加热使其熔化，加入切碎的洋葱和意式培根，翻炒约10分钟。然后加入牛肉，撒入面粉，继续翻炒2分钟。随后少量多次缓慢加入干白葡萄酒和红葡萄酒，小火加热，直至酒完全被肉和洋葱吸收。用盐和黑胡椒调味后即可食用。

奶油菠菜焗牛肉
Girello alla crema di spinaci

4人份
准备时长：25分钟
烹饪时长：1小时30分钟

2汤匙 橄榄油
800克 牛臀里脊或其他精瘦的部位
1⅓杯（150毫升） 白葡萄酒
适量蔬菜高汤
3汤匙 黄油
盐和黑胡椒

酱汁：
800克 菠菜，煮熟并切碎
半汤匙 中筋面粉
将近半杯（100毫升） 牛奶
⅓杯（80毫升） 厚奶油
2个 蛋黄
⅓杯（30克） 新鲜磨碎的硬奶酪，
如佩科里诺干酪

平底锅中倒油，中低火加热，放入牛肉，煎至上色后倒入葡萄酒，待其完全蒸发后用盐和黑胡椒调味，加盖锅盖，焖煮1小时，若锅中的汤汁太少，可以加入适量的蔬菜高汤。

与此同时，预热烤箱至180℃/挡位6。小汤锅中放入菠菜，撒入面粉，倒入牛奶和厚奶油，并用盐调味，小火慢煮15分钟，或煮至液体被吸收，汤汁呈浓稠的奶油状。把菠菜奶油混合物倒入一个大碗里，加入蛋黄和新鲜研磨的硬奶酪，搅拌均匀，做成酱汁。

待牛肉烤好，取出切成适口的薄片，把煮牛肉时产生的肉汁倒入烤盘，其上码放牛肉片，随后浇上菠菜酱汁，放入烤箱烤制15分钟即可。

◆

香梨炖牛肉
Stracotto di manzo alle pere

4人份
准备时长：15分钟
烹饪时长：40分钟

1汤匙 橄榄油
1个 洋葱，切碎
800克 牛肉，去除筋膜，切块
将近1杯（200毫升） 啤酒，如黑啤酒
1汤匙 红酒醋
半汤匙 砂糖
香草，如百里香和月桂叶
2个 梨，切小块
盐

平底锅中倒入橄榄油，中火加热，加入洋葱，翻炒至上色，大约需要5分钟。加入牛肉，调大火翻炒几下，随即倒入啤酒、红酒醋、砂糖和香草。煮开后调小火，加盖锅盖，焖煮20分钟，随时检查汤汁，酌情加水，防止干锅。最后放入梨，继续煮10分钟，用盐调味后即可上桌。

啤酒炖肉丸
Polpette saporite alla birra

4人份
准备时长：30分钟
烹饪时长：1小时

200克　陈面包，撕大块
适量全脂牛奶，用于浸泡面包
300克　牛绞肉
300克　香肠，去除肠衣，压碎
2个　鸡蛋
几根　细香葱，切碎
1枝　欧芹，切碎
⅔杯（80克）　中筋面粉
2汤匙　橄榄油
一小块　黄油
3个　洋葱，切碎
4¼杯（1升）　啤酒
1汤匙　番茄膏
1枝　百里香，只取叶子
盐和黑胡椒

成品照片请见对页

将陈面包用全脂牛奶浸泡3分钟，挤出多余的牛奶放在一旁备用。另取一个碗，将牛绞肉、香肠碎、鸡蛋、面包、切碎的细香葱和欧芹混合，搅拌均匀，用盐和黑胡椒调味。

将中筋面粉倒在一个盘子里。手上沾水，将牛绞肉搓成核桃大小的肉丸，然后裹上一层面粉。深煎锅里加入橄榄油和黄油，中火加热至黄油熔化，放入肉丸，煎至表面金黄，可以适当晃动煎锅，使肉丸在锅中滚动，以令其表面完全金黄且不会碎。为了防止锅内拥挤，可以分批将肉丸煎至上色。煎好的肉丸放在一旁备用。

在同一口锅里放入切碎的洋葱，再少量多次倒入啤酒，开大火令其蒸发，然后加入番茄膏和百里香，用盐和黑胡椒调味，煮15分钟后放入煎好的肉丸，再煮20分钟。上菜时，撒上切碎的细香葱做装饰。

洋葱炖牛肉
Brasato alle cipolle

6人份
准备时长：30分钟
烹饪时长：2小时

1千克　牛臀里脊或其他精瘦的部位
25克　意式培根，切细条
1千克　洋葱，切丝
盐和黑胡椒
波伦塔（见第283页），配菜（可选）

用刀在牛肉上扎几个深口，塞入切成细条的意式培根，然后用厨房用绳绑牢。

取一口大锅，用洋葱铺底，把牛肉放在上面，加盖锅盖，小火炖1小时。然后将肉翻面，用盐和黑胡椒调味，加盖锅盖继续炖1小时，其间要不时翻动，以免粘锅，直至牛肉软嫩。

把煮好的牛肉从锅中取出，去掉厨房用绳，然后切成薄片。装盘时将牛肉片堆成一小堆，浇上洋葱和汤汁，即可食用。

提示：如果喜欢更为顺滑的酱汁，可以用食物研磨器将洋葱和汤汁一同搅打成柔滑的酱汁。

巴罗洛葡萄酒炖牛肉
Brasato al Barolo

6人份
准备时长：15分钟，另加6~7小时
腌制
烹饪时长：1小时40分钟

1千克　牛臀里脊或其他精瘦的部位
3汤匙　橄榄油
3汤匙　黄油
3汤匙　意式火腿肥肉，切碎
一小撮　无糖可可粉
1茶匙　朗姆酒（可选）
盐

腌料：
1瓶（750毫升）　巴罗洛葡萄酒
2根　胡萝卜，切碎
2个　洋葱，切碎
1根　芹菜，切碎
4片　鼠尾草叶子
1枝　迷迭香
1片　月桂叶
10粒　黑胡椒
盐

成品照片请见对页

用厨房用绳将牛肉绑牢，放入一个深且大的容器里，倒入巴罗洛葡萄酒，再放入切碎的胡萝卜、洋葱、芹菜、鼠尾草、迷迭香、月桂叶、黑胡椒和少许盐，腌制6~7小时。腌制好的牛肉用厨房纸拍干，腌料放在一旁备用。

珐琅锅中加入橄榄油、黄油和切碎的意式火腿肥肉，大火加热，放入牛肉煎至上色。用盐调味，倒入备用的腌料，大火煮沸后调小火，加盖锅盖，焖煮1小时30分钟，或直至牛肉软嫩。

将煮好的牛肉捞出，去掉厨房用绳，切成薄片后，将牛肉以一片压一片的方式装盘。取出锅中的香草，丢弃不用，用食物研磨器搅打汤汁，然后根据口味加入可可粉和朗姆酒，搅拌均匀，制成酱汁。将酱汁浇在牛肉上，即可食用。

炖煮牛肉
Brasato

6人份
准备时长：4小时30分钟
烹饪时长：2小时30分钟

1千克　牛臀里脊
4汤匙　黄油
3汤匙　橄榄油
1个　洋葱，切碎
2根　胡萝卜，切碎
1根　芹菜，切碎
¾杯（175毫升）　红葡萄酒
1个　番茄，去皮，切碎
4个　罐头番茄，切碎
1汤匙　番茄膏
4¼杯（1升）　热高汤
盐和黑胡椒

用厨房用绳将牛肉绑牢。珐琅锅中放入黄油和橄榄油，小火加热使黄油熔化后，加入切碎的洋葱、胡萝卜和芹菜，翻炒10分钟。然后放入牛肉，煎至上色，用盐和黑胡椒调味，倒入红葡萄酒，煮至其完全蒸发，倒入新鲜番茄和罐头番茄。

在碗里将番茄膏用5汤匙温水化开，然后倒入锅中，再煮几分钟，加入高汤，使一半高度的牛肉浸在汤中。大火煮沸后，调小火，加盖锅盖，炖煮1小时30分钟，其间可以酌情添加更多的高汤，以防干锅。

将煮好的牛肉从锅中捞出，去掉厨房用绳，切片后装盘，汤汁过滤后浇在牛肉上即可。

桃红葡萄酒炖牛小腿
Stinco al vino rosato

6人份
准备时长：10分钟
烹饪时长：1小时10分钟

1千克　牛小腿肉
适量中筋面粉，用于裹粉
5汤匙　橄榄油
一小块　黄油
1枝　迷迭香
2片　月桂叶
3瓣　带皮大蒜
8粒　黑胡椒
20粒　烤榛子，去壳，压碎
2¼杯（500毫升）　桃红葡萄酒
适量蔬菜高汤
盐
香浓马铃薯泥（见第278页），配菜

成品照片请见对页

把牛小腿肉放入中筋面粉里，裹上一层面粉，然后抖去多余的面粉，放在一旁备用。

珐琅锅中放入橄榄油和黄油，中火加热使黄油熔化，将迷迭香和月桂叶用厨房用绳捆在一起，制成香草束，放入珐琅锅中，再加入带皮的大蒜、黑胡椒粒和盐，翻炒5分钟后放入牛肉，煎至上色。挑出大蒜，弃用，放入压碎的榛子，倒入桃红葡萄酒，煮沸后加盖锅盖，小火炖煮约1小时，或直至肉可以轻易地从骨头上剥离，其间可以酌情加入高汤，以防干锅。

把煮好的牛肉从锅中取出，静置5分钟后装盘，浇上汤汁即可。可以搭配香浓马铃薯泥食用。

小牛肉

小牛肉，顾名思义特指小牛的肉，通常选取雄性的小奶牛，但实际上性别并不重要。由于小牛年龄小，肌肉没得到充分的锻炼，所以肉质非常软嫩。因为小牛的日常饮食多为牛奶和少量的固体饲料，所以其肉颜色相对较浅，呈白色或粉红色。切记购买人道饲养的小牛，如果没有明显的标识，可以询问肉贩小牛是草饲还是散养。

小牛肉肉质精瘦，烹饪时常需添加额外的油脂以增加风味。所添加的油脂可选择意式培根、非烟熏的美式培根等。例如，烤小牛里脊配烤红葱头（见第94页）里加入了烟熏猪油。除此之外，小牛肉还经常和其他较肥的肉混合使用，特别是牛肉和猪肉，可以制成肉酱或肉丸。像小牛胸这样的部位，很适合与各种各样的肉（包括内脏）、鸡蛋、奶酪和香料混合做成馅料。

很多闻名于世的意大利菜肴以小牛肉为主食材，例如意式煎小牛肉火腿卷，以小牛肉搭配意式火腿和鼠尾草，食用时佐以刺山柑和柠檬。米兰风味烩牛膝（见第98页）同样是一道经典菜肴，由小牛腿和蔬菜、白葡萄酒以及高汤一起烩煮而成，再浇上格莱莫拉塔调料，偶尔也会搭配米兰烩饭（藏红花烩饭）食用。

部位

小牛肉的肉质软嫩，没有普通牛肉的脂肪和大理石般的花纹，所以烹饪技巧略有不同。小牛的小腿肉和肩肉经过慢炖滋味鲜美，其所含的大量胶原蛋白，经过长时间的烹煮会溶解，从而使酱汁柔滑黏稠，肉质也会变得更加软嫩。不论烩煮还是炖煮，蔬菜和香草（如迷迭香和鼠尾草）都会起到锦上添花的作用。小牛小排通过长时间的烹煮同样效果惊人，先煎至上色，再长时间小火烹煮，可以令小牛小排入口即化。小牛肉排则极具风味且肉质紧实，因此用途广泛，烘烤或烧烤均非常适合，烹饪时同样应提前煎至上色，以求最大限度地保持小牛肉的湿润度。小牛胸既可以带骨烹饪，也可以去骨烹饪。带骨的小牛胸适合长时间的文火炙烤，去骨的小牛胸则可以填入馅料，用厨房用绳绑牢后再烹饪。

意式切法及烹饪技巧

1 上臀腰肉
烤制

2 内牛腱
烤制、炙烤，可切薄片或制成肉卷

3 后腿肉
烤制、切薄片和肉片

4 下臀腰肉
炙烤，可切薄片、制成肉卷、填馅或切薄片

5 粗米龙
烤制，可切成小肉排、肉片或制成裹粉薄肉排

6 牛腿肉
煮和烩煮

7 近尾乳房肉
制成肉饼和填馅

8 上腰肉
炙烤

9 臀腰肉
烤制

10 五花肉
填馅

11 胸肉
煮和烩煮

12 小牛展
煮和带骨髓的小牛排

13 后颈肉
最适合做成肉卷的部位

14 肋排
炙烤，切成小肉排或肉片

15 雪花肉
烩煮和炖煮

16 上脑
烤制、煮、烩煮和炖煮

17 颈脖肉
煮和烩煮

18 肩肉
烤制、炖煮、煮和切薄片

19 上肩胛肉
煮、烩煮和炖煮

20 中下颈脖肉
煮、烩煮和炖煮

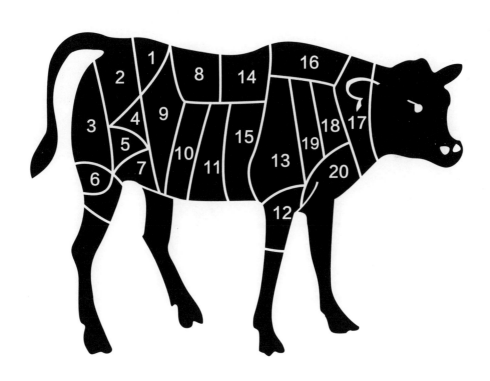

美式切法
及烹饪技巧

1 脖颈
炖煮、烩煮，可制成绞肉

2 牛肩
烤制，可切丁或制成绞肉

3 肋排
烤制，可切成肉排用于炙烤、油炸和煎烤

4 腰脊
烤制，可切成带骨肉排或牛柳，用于炙烤、油炸和煎烤

5 后腰脊
烤制，可厚切成腿肉排

6 臀肉
烤制，可切成厚腿肉排或薄片

7 后腿
烤制

8 小腿
烤制和炖煮

9 小牛胸
烤制、炖煮、烩煮或制成绞肉

10 前腱
炖煮

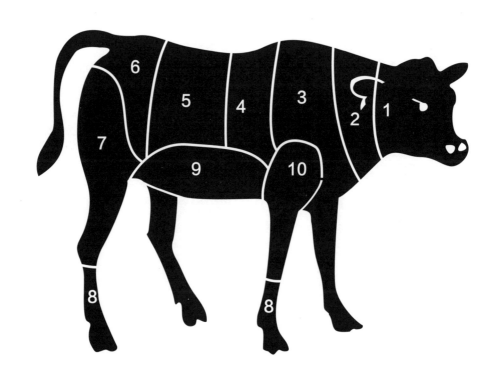

英式切法及烹饪技巧

1 头
烩煮

2 脖颈
制成炖菜或高汤，可细切或制成绞肉用于填馅

3 中脖
制成炖菜或高汤，可细切或制成绞肉用于填馅

4 后脖
烤制，可切成薄肉排，用于炙烤、煎烤

5 腰脊
烤制，可切成小肉排，用于炙烤、煎烤

6 臀肉
烤制，可切成小肉排，用于炙烤、煎烤

7 腿肉、银边和弹子肉
烤制、煎烤，可切成薄肉排，用于炙烤和煎烤

8 小牛膝及胫骨
炖煮或切碎制成肉派馅料

9 胸肉
烤制、炖煮、烩煮，可制成绞肉

10 肩肉
烤制

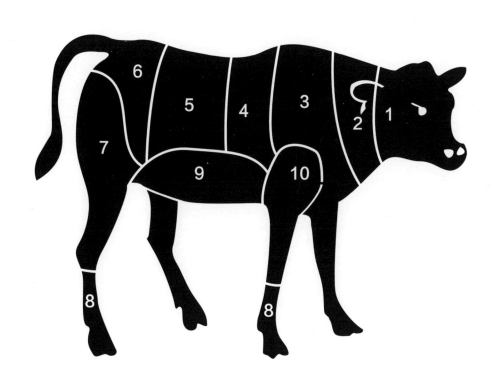

烤小牛肉
Arrosto di vitello

4人份
准备时长：10分钟
烹饪时长：30分钟，另加5分钟静置

800克　小牛里脊
1汤匙　橄榄油，额外备一些用于涂刷烤盘内壁
4瓣　带皮大蒜
6片　罗勒叶
半汤匙　百里香叶子
盐和黑胡椒

预热烤箱至220℃/挡位7。取一口平底锅，开大火烧热，在小牛里脊上刷一层橄榄油，放入锅中煎至上色，然后再将小牛肉移入刷了油的深烤盘里。加入大蒜、罗勒、百里香，用盐和黑胡椒调味，其上覆盖锡箔纸，放入烤箱烤制25分钟，其间分2次将肉汁淋在小牛肉上。将烤制好的牛肉从烤盘中取出，静置5分钟，切成薄片装盘，浇上肉汁即可。

提示：可以依口味搭配焦糖大蒜食用。

帕玛森干酪烤小牛肉
Arrosto di vitello al parmigiano

6人份
准备时长：25分钟
烹饪时长：1小时40分钟，另加20分钟静置

800克　小牛臀肉
70克　帕玛森干酪，切成长度类似火柴的小片
2汤匙　橄榄油
150克　小牛肉片
1根　芹菜，切碎
1杯（250毫升）　干白葡萄酒
适量蔬菜高汤
将近半杯（100毫升）　淡奶油
盐和黑胡椒
鼠尾草叶　摆盘用

成品照片请见对页

在小牛臀肉上扎几个小口，在每个小口里放一根帕玛森干酪和一小撮黑胡椒。

不粘锅中加橄榄油，大火加热，放入小牛臀肉，煎至上色。然后将煎好的小牛臀肉移入珐琅锅中，加入小牛肉片和切碎的芹菜。

用汤锅加热干白葡萄酒，然后倒入珐琅锅中，开大火煮，令其蒸发，接着倒入高度正好浸没小牛肉的蔬菜高汤，加盖锅盖，中大火煮15分钟。用盐和黑胡椒调味，调至中小火，再煮1小时15分钟。将煮好的小牛肉从珐琅锅中取出，用锡箔纸包起来，静置20分钟。

与此同时，用食物处理机或者手持搅拌机将汤汁打至顺滑后倒入汤锅，小火加热，加入淡奶油，直至酱汁浓稠顺滑。

上菜时，把小牛肉切成片后装盘，浇上酱汁，再以鼠尾草叶做装饰即可。

烤小牛肉配蘑菇
Arrosto al funghi

4人份
准备时长：25分钟
烹饪时长：1小时20分钟

800克　小牛肩排
1撮　肉豆蔻粉
3汤匙　黄油
3瓣　大蒜，切碎
半杯（120毫升）　白兰地
将近1杯（200毫升）　蔬菜高汤
600克　牛肝菌，洗净拍干，切成5毫米厚的薄片
3枝　马郁兰，切碎
1束　欧芹，切碎
盐和黑胡椒
炒洋姜（见第262页），配菜

预热烤箱至180℃/挡位4。小牛肩排用盐、黑胡椒和肉豆蔻粉调味。珐琅锅中加入黄油，中火加热使之熔化，待黄油开始冒泡，加入大蒜和小牛肩排，将小牛肩排煎至上色。倒入白兰地，小火煮至其完全蒸发后加入蔬菜高汤，烹煮30分钟。接着加入牛肝菌和少许盐，再烹煮20分钟。

盛出牛肉和⅔量的牛肝菌，用手持搅拌机将剩余的蘑菇和肉汁一起打碎，并加入切碎的马郁兰和欧芹，制成酱汁。装盘时，把牛肉切成薄片，用牛肝菌垫底，上面码放牛肉，再淋上酱汁即可。可以搭配炒洋姜食用。

烤小牛脊排配蘑菇
Carré ai funghi

6人份
准备时长：15分钟
烹饪时长：1小时30分钟

1.3千克　小牛脊排，带4根骨
2瓣　大蒜，对半切开
2汤匙　橄榄油
1枝　迷迭香
1枝　鼠尾草
2汤匙　黄油
⅔杯（150毫升）　白葡萄酒
300克　牛肝菌
5个　马铃薯，切丁
200克　南瓜，去皮，去籽，切丁
盐和黑胡椒

成品照片请见对页

预热烤箱200℃/挡位6。用一把锋利的刀在肉上扎4个小口，塞入对半切开的蒜瓣，然后用盐和黑胡椒调味。

在深烤盘中倒入橄榄油，放入迷迭香和鼠尾草，然后把小牛脊排放在香草上面。加入黄油，倒入白葡萄酒，然后在烤箱中烤制1小时30分钟。如果烤制过程中烤盘里的汤汁快干了，可以在小牛脊排表面淋适量温水。

在烤制结束前30分钟，挑出鼠尾草和迷迭香并丢弃，然后加入牛肝菌、马铃薯丁和南瓜丁，搅拌均匀后放回烤箱，继续烤制。烤制完成后，将蔬菜和小牛脊排一起装盘即可。

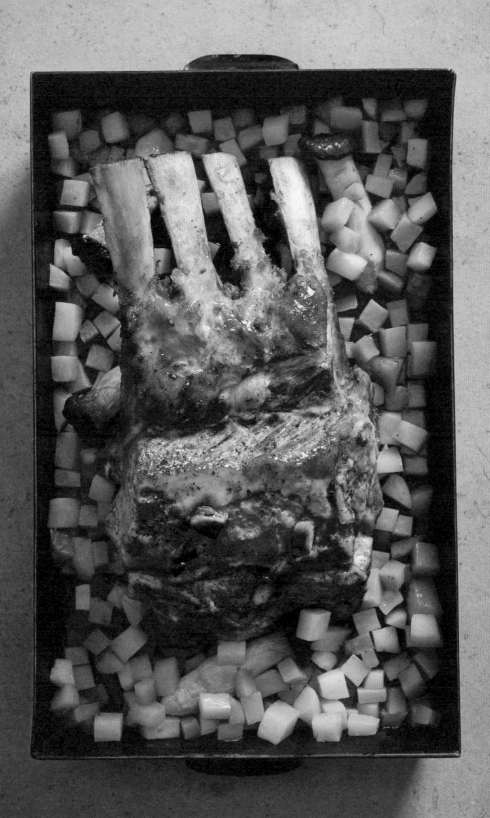

小牛肉配蛋黄酱汁
Arrosto in salsa d'oro

4~6人份
准备时长：25分钟
烹饪时长：1小时20分钟

1千克　小牛西冷（臀里脊）
1片（50克）　意式火腿，切成长度
类似火柴的小片
1枝　迷迭香
1枝　欧芹
1个　柠檬的果皮碎屑
4汤匙　橄榄油
2¼杯（500毫升）　蔬菜高汤
2个　蛋黄
盐和黑胡椒

用一把锋利的刀在肉上扎几个口子，把意式火腿塞进去，用盐和黑胡椒调味后，用厨房用绳绑牢。

平底锅中倒入橄榄油，加入切碎的迷迭香、欧芹和柠檬皮碎屑，中火加热，直至香草表面开始焦黄，倒入冷的蔬菜高汤，煮至沸腾，然后放入小牛肉，将火调小，炖煮1小时15分钟。完成后关火，将牛肉捞出，放在一旁保温备用。

制作酱汁需要等待汤汁冷却，用手持搅拌机将肉汤充分搅拌，接着加入蛋黄，继续搅拌至充分融合。把平底锅放回炉灶，小火加热，其间要不停搅拌，直至酱汁变得浓稠。切记始终不要让酱汁沸腾。

将小牛肉切片装盘，然后淋上酱汁即可。

提示：在擦柠檬皮碎屑的时候，应只擦黄色的部分，白色的部分有苦味。

面包炙烤小牛肉
Arrosto in crosta di pasta di pane

6人份

准备时长：35分钟，另加20分钟浸泡

烹饪时长：2小时10分钟

1千克　小牛肩肉

4汤匙　黄油

3瓣　大蒜

1枝　迷迭香

2片　鼠尾草叶

半杯（120毫升）　白葡萄酒

半杯（120毫升）　白兰地

1个　鸡蛋，蛋黄和蛋白分开

盐和黑胡椒

面团：

300克　高筋面粉

1茶匙　盐

10克　干酵母

1汤匙　橄榄油

馅料：

50克　干蘑菇

一小块　黄油

适量蔬菜高汤（可选）

1杯（200克）　大米

3~4汤匙　磨碎的帕玛森干酪

用厨房用绳将小牛肩肉绑牢，放在一旁备用。珐琅锅中放入黄油，中火加热，加入蒜瓣、迷迭香和鼠尾草，稍微翻炒后加入小牛肉，煎至上色。倒入白葡萄酒煮20分钟，偶尔翻动一下，待白葡萄酒完全蒸发，将白兰地反复缓缓淋在小牛肉表面，继续煮40分钟，其间如果有干锅的迹象，可以加一些热水。完成后关火，将小牛肉冷却到室温后，切成厚片。

接着制作面团。大碗中放入面粉、盐和酵母，加入1汤匙橄榄油和⅔杯（150毫升）水，混合成面团，继续揉搓大约10分钟，或直至面团表面光滑。面团的质地不要太软。揉好后将面团放在一个涂抹了橄榄油的大碗中，盖上湿布，室温下发酵30分钟。

发面的同时准备馅料。干蘑菇浸泡在温水中，20分钟后捞出，拍干水分，泡蘑菇的水放在一旁备用。小煎锅中加入黄油，加热熔化后加入蘑菇，中火翻炒5分钟，加入几汤匙高汤，再炒5分钟。炒好的蘑菇需要切碎。

将泡蘑菇的水过滤后倒入另一口锅中，大火烧开。如有需要，可再加些热水。倒入大米，煮10~12分钟后捞出，也可根据大米包装上提示的时间烹饪。将米饭用食物处理机打碎后，加入切碎的蘑菇和磨碎的帕玛森干酪，用盐和黑胡椒调味，即制成馅料。

预热烤箱至200℃/挡位6。

将发酵好的面团擀成3~4毫米厚的面饼，然后盖上一层锡箔纸，把切成厚片的牛肉和馅料交替放置在锡箔纸上，直至所有材料都用完，用锡箔纸将其包好，再用面饼裹起来，衔接处用蛋白作为粘着剂，整形后表面刷一层蛋黄液，即可放入烤箱，烤制35分钟。烤好后，把外层的面饼切开，取出用锡箔纸包裹的小牛肉和馅料。牛肉和馅料装盘后淋上剩余的汤汁即可上桌。

提示：如果你在意大利，可以直接在杂货店购买500克的新鲜面包面团。

烤小牛肉佐白葡萄酒酱汁
Girello in salsa Chardonnay

6人份
准备时长：20分钟
烹饪时长：1小时

75克　小牛臀里脊
1½汤匙　黄油
1根　芹菜，切丁
2根　胡萝卜，切丁
2个　小胡瓜，切丁
盐和黑胡椒

酱汁：
1½汤匙　黄油
2个　红葱头，切碎
1瓶（750毫升）　霞多丽白葡萄酒
1个　柠檬，榨汁
1¼汤匙　玉米淀粉（玉米面粉）
适量塔巴斯科辣酱
1⅓杯（300克）　蛋黄酱

成品照片请见对页

预热烤箱至150℃/挡位2。珐琅锅中放入黄油，中火加热熔化后关火，将熔化的黄油刷在小牛肉上，并用锡箔纸将小牛肉包起来，放在浅烤盘里，烤制40分钟。完成后，无需拆开锡箔纸，静置备用。

同时烧开一锅水，加盐后放入切好的蔬菜丁，焯水2分钟，捞出沥干备用。

接着制作酱汁。平底锅中放入黄油，小火加热熔化后，放入切碎的红葱头翻炒约10分钟，或直至其呈半透明状且变软。然后倒入葡萄酒和柠檬汁，大火收汁至一半。

将玉米淀粉（玉米面粉）用2汤匙温水在碗中调匀，然后倒入锅中搅拌均匀，用盐和黑胡椒调味，可以根据喜好加入几滴塔巴斯科辣酱。酱汁做好后过滤入另一口锅中，重新放回炉灶，以小火加热至温热后，加入蛋黄酱，混合均匀即可。

将小牛肉切片装盘，淋上酱汁，再研磨一些黑胡椒调味，焯过水的蔬菜码放在肉的周围即可。

火腿卷小牛里脊佐蚕豆泥
Filetto in crosta di prosciutto e fave

4人份
准备时长：20分钟
烹饪时长：50分钟，另加10分钟静置

300克　蚕豆，去壳（约1杯）
2个　红葱头，切丝
6~8汤匙　特级初榨橄榄油
700克　小牛里脊
100克　意式火腿薄片
⅔杯（150毫升）　白葡萄酒
盐和黑胡椒
黄油炒菊苣配帕玛森干酪（第254页），配菜

成品照片请见对页

预热烤箱至180℃/挡位4，在深烤盘中铺烘焙纸。

将一锅水烧开后，倒入蚕豆，焯水5分钟，捞出放入冰水中冷却，然后剥掉豆子外层的厚皮。

锅中倒入2~3汤匙橄榄油，小火翻炒红葱头后加入4~5汤匙水，再加入蚕豆，用盐调味，煮5~6分钟后关火。用手持搅拌机将蚕豆打成如奶油般顺滑的蚕豆泥，冷却备用。

小牛里脊用盐和黑胡椒调味，然后均匀地裹上蚕豆泥。把切成薄片的意式火腿层层部分重叠地铺在烘焙纸上，然后把裹上蚕豆泥的小牛里脊放在上面，利用烘焙纸将火腿包裹着小牛里脊卷起来，并用厨房用绳绑牢，再将其移入准备好的烤盘中，淋上剩余的橄榄油和白葡萄酒，在烤箱中烤制35分钟即可。

把肉从烤箱中取出，静置10分钟，切片装盘，淋上肉汁，可以搭配黄油炒菊苣配帕玛森干酪食用。

烤小牛里脊配烤红葱头
Filetto di vitello al forno con scalogni

4人份
准备时长：15分钟
烹饪时长：45分钟

8个　小红葱头
2汤匙　橄榄油
800克　小牛里脊
2片　烟熏猪油，切碎
1枝　欧芹
1束　鼠尾草和百里香
盐

预热烤箱至220℃/挡位7。烧开一锅水，加盐，放入小红葱头，焯水3分钟后捞出沥干，放在一旁备用。

在珐琅锅中加入橄榄油，大火加热，放入小牛里脊，煎至上色后，加入切碎的烟熏猪油、沥干的红葱头和香草，用锡箔纸覆盖珐琅锅并用厨房用绳绑紧。将珐琅锅移入烤箱，烤制35分钟。

将珐琅锅从烤箱中取出，去掉锡箔纸和厨房用绳，取出烤好的小牛里脊和红葱头，将小牛里脊切成薄片装盘，将红葱头摆在肉的周围即可。

提示：如果使用高压锅烹饪这道菜，从高压锅开始喷气起计算时间，10~13分钟即可完成，因此可以节约一半的烹饪时间。

◆

烤小牛小腿
Stinco arrosto

6人份
准备时长：15分钟
烹饪时长：2小时20分钟

3汤匙　橄榄油
3汤匙　黄油
1枝　桃金娘
6颗　杜松子或1枝　迷迭香
2个　红葱头，切碎
1根　小牛小腿
¾杯（175毫升）　红葡萄酒
盐和黑胡椒

预热烤箱至190℃/挡位5。深烤盘中加入橄榄油、黄油、桃金娘或者杜松子、迷迭香和切碎的红葱头，用小火翻炒10分钟。加入小牛小腿，煎至上色。用盐和黑胡椒调味，放入烤箱，烤制1小时。之后倒入红葡萄酒，继续烤制1小时，其间需要将汤汁不断淋在小牛小腿上。如有必要，可以适当加入一些开水。

将烤好的小牛小腿从烤箱中取出，切片装盘，浇上肉汁即可。

烤小牛尾佐吞拿鱼酱汁
Arrosto di codino tonnato

6人份
准备时长：30分钟
烹饪时长：1小时30分钟

3汤匙　橄榄油
1千克　小牛尾
1把　小葱
⅔杯（150毫升）　干白葡萄酒
适量温热的高汤
150克　油浸吞拿鱼，沥干
1条　腌凤尾鱼，洗净去骨
1个　柠檬，榨汁
盐和黑胡椒

预热烤箱至200℃/挡位6。深烤盘中倒油，放入小牛尾和小葱，用盐和黑胡椒调味，放入烤箱中烤制。当小牛尾烤制上色后，将烤箱的温度调至180℃/挡位4，并倒入干白葡萄酒继续烤制，其间如有需要，可以加适量温热的高汤。30分钟后，加入吞拿鱼和凤尾鱼，再烤制30分钟。

把烤盘从烤箱中取出，把肉切片装盘。用手持搅拌机将吞拿鱼、凤尾鱼和汤汁打成酱汁，并加入柠檬汁调味，最后将酱汁浇在小牛尾上即可。

提示：在意大利，吞拿鱼的边角料统称为buzzonaglia。意大利人会用这些边角料制作这道菜。相比油浸吞拿鱼块，浸泡在油中的边角料更加美味。

烩煮小牛肉
Spezzatino di vitello

6人份
准备时长：20分钟
烹饪时长：1小时15分钟

800克　适合烩煮的小牛肉
适量中筋面粉
4汤匙　特级初榨橄榄油
1片　月桂叶
半杯（120毫升）　红葡萄酒
1根　胡萝卜，切碎
1个　洋葱，切碎
1根　芹菜，切碎
⅓杯（50克）　番茄膏
1¼杯（300毫升）　蔬菜高汤（可选）
盐和黑胡椒
波伦塔（见第283页）、米饭、古斯米或香浓马铃薯泥（见第278页），配菜

在小牛肉表面撒面粉，然后抖去多余的面粉。深平底锅加入橄榄油，中火加热，放入小牛肉煎至上色。如果你的锅不大，可以分批煎至上色。当所有的小牛肉煎至上色后，全部放回锅中，加入月桂叶，倒入红葡萄酒，煮至红葡萄酒几乎完全蒸发，加入切碎的蔬菜和番茄膏，然后用盐和黑胡椒调味，搅拌均匀，调至小火，加盖锅盖，烩煮1小时，其间须定期检查，如有需要，可以加入一些热水，以免干锅。

煮好后装盘，搭配波伦塔、米饭、古斯米（couscous）或香浓马铃薯泥一起食用。

提示：如果在烹饪过程中水分蒸发太多，可以慢慢地向锅里加一些开水，直到达到理想的浓稠度，注意适量调味。

珍珠洋葱橄榄烩小牛肉
Spezzatino con olive e cipolline

4人份
准备时长：10分钟
烹饪时长：50分钟

2汤匙　橄榄油
800克　小牛肉，切丁
24个　珍珠洋葱
1½杯（150克）　无核绿橄榄，对半切开
盐和黑胡椒

成品照片请见对页

　　珐琅锅中倒橄榄油，中火加热，放入小牛肉，调至大火，将小牛煎至上色，大约需要5分钟。加盖锅盖，调小火，烹煮25分钟后，加入珍珠洋葱和橄榄，用盐和黑胡椒调味，加盖锅盖再烩煮20分钟，即可上桌。

　　提示：处理珍珠洋葱时，把珍珠洋葱放入沸水中煮几分钟，捞出后泡在冰水中冷却，之后便可以轻松剥掉洋葱皮。

◆

豌豆烩小牛肉
Spezzatino con piselli

4人份
准备时长：30分钟
烹饪时长：55分钟

700克　适合烩煮的小牛肉
适量中筋面粉
2汤匙　黄油
半杯（120毫升）　白葡萄酒
1个　白洋葱，切薄片
3杯（400克）　去壳豌豆
1¼杯（300毫升）　热蔬菜高汤
盐

　　在小牛肉表面撒面粉，然后抖去多余的面粉。深平底锅加入黄油，中火加热使其熔化，放入小牛肉，煎至上色。用盐调味后，倒入白葡萄酒，令其稍微蒸发，加入洋葱和豌豆，再倒入1杯（200毫升）热蔬菜高汤。调小火，加盖锅盖，烩煮45分钟，如有需要，可以再加一些高汤。小牛肉煮至软烂即可出锅。

　　提示：加入高汤的时候，一定要确保高汤是滚烫的，否则会延长烹饪的时间。根据个人喜好，也可以用2~3根小葱来代替白洋葱。

米兰风味烩牛膝
Ossibuchi alla Milanese

4人份
准备时长：20分钟
烹饪时长：1小时

4个　小牛膝（或5厘米厚的带骨小牛腿肉/关节）
适量中筋面粉，用于裹粉
6汤匙　黄油
半个　洋葱，切碎
5汤匙　干白葡萄酒
¾杯（175毫升）　高汤
1根　芹菜，切碎
1根　胡萝卜，切碎
2汤匙　番茄膏
盐和黑胡椒

格莱莫拉塔调料：
半个　柠檬的皮，切碎
1枝　平叶欧芹，切碎

成品照片请见对页

在小牛膝表面撒面粉，然后抖去多余的面粉，放在一旁备用。

在一口大锅中加入黄油，小火加热使其熔化，加入切碎的洋葱，翻炒大约5分钟，调大火，放入小牛膝，煎至上色，用盐和黑胡椒调味，继续烹煮几分钟后，倒入干白葡萄酒，煮至其完全蒸发，随即倒入高汤，并加入切碎的芹菜和胡萝卜。调小火，加盖锅盖，烩煮30分钟，其间须定时检查，适时加入更多的高汤，防止干锅。

用1汤匙热水将番茄膏化开，然后加入锅中搅拌均匀。

将切碎的柠檬皮和欧芹放在一个小碗里，搅拌均匀，制成格莱莫拉塔调料。把格莱莫拉塔调料撒入锅中，小心地将小牛膝翻面，继续煮5分钟后，即可出锅装盘。

蔬菜烩小牛肉
Spezzatino con verdure

4人份
准备时长：20分钟
烹饪时长：1小时15分钟

2汤匙　橄榄油
2汤匙　黄油
1个　洋葱，切碎
1根　芹菜，切碎
600克　小牛肩肉，切小方块
适量中筋面粉
3根　胡萝卜，切细条
将近半杯（100毫升）　番茄泥
3个　小胡瓜，切细条
盐和黑胡椒

成品照片请见对页

在一口大的平底锅中加入橄榄油和黄油，小火加热至其熔化，加入切碎的洋葱和芹菜，翻炒5分钟。

在小牛肉表面撒上面粉，然后抖掉多余的面粉，放入平底锅中煎至上色，用盐和黑胡椒调味，加入胡萝卜和番茄泥，调小火，加盖锅盖，烩煮45分钟，如果锅中的水分太少，可以适时加入2~3汤匙的温水，最后加入小胡瓜，加盖锅盖，再煮15分钟，即可出锅。

◆

六香烩小牛
Spezzatino ai sei profumi

4人份
准备时长：30分钟，另加2小时腌制
烹饪时长：50分钟

800克　小牛肩肉，切块
1瓣　大蒜，切碎
1枝　平叶欧芹，切碎
1枝　罗勒，切碎
1个　柠檬，榨汁，过滤
1个　橙子，榨汁，过滤
1个　青柠，果皮碎屑
1汤匙　孜然籽
3汤匙　橄榄油
3汤匙　黄油
盐和黑胡椒

小牛肉用盐和黑胡椒调味后放入一个大碗里，加入切碎的大蒜、罗勒和欧芹，再加入柠檬汁、橙汁、青柠皮碎屑和孜然籽搅拌均匀，腌制2小时，其间可以偶尔翻动一下。

在平底锅中加入橄榄油和黄油，中火加热至其熔化，将小牛肉从腌料中捞出，腌料则放在一旁备用。小牛肉放入锅中煎至上色，然后倒入腌料，加盖锅盖，烩煮45分钟，如果锅内的水分太少，可以适时加入一些温水。煮好后即可上桌。

藏红花奶油烩肉丸

Polpettine vellutate allo zafferano

6人份
准备时长：20分钟
烹饪时长：30分钟

600克　小牛绞肉
1枝　欧芹，切碎
1个　鸡蛋
适量中筋面粉
2汤匙　橄榄油
1个　洋葱，切碎
半杯（120毫升）　干白葡萄酒
⅓杯（70毫升）　厚奶油
少许　藏红花丝
盐和黑胡椒
混合绿叶沙拉

成品照片请见对页

将小牛绞肉、欧芹和鸡蛋在一个大碗中搅拌均匀，用盐和黑胡椒调味。

将适量的面粉倒入一个大盘子里，将手沾湿，把绞肉揉捏成核桃大小的肉丸，然后在面粉中滚一下，令其表面均匀地粘上面粉。平底锅中倒油，中火加热，加入切碎的洋葱和肉丸，轻轻翻动肉丸，煎至上色，大约需要10分钟，然后倒入干白葡萄酒，令其蒸发，再倒入半杯（120毫升）温水，烩煮15分钟。

将厚奶油倒入碗中，取另一个碗加入1汤匙温水和藏红花丝，搅拌均匀后倒入奶油，再次搅拌均匀，最后将藏红花奶油混合物直接倒入锅中，烩煮5分钟后即可出锅，可以搭配混合绿叶沙拉食用。

奶香火腿烩小牛胸
Arrosto al latte e prosciutto

6人份
准备时长：15分钟
烹饪时长：1小时15分钟

3汤匙　黄油
2汤匙　中筋面粉
2片　意式火腿，切成细条
800克　去骨小牛胸
3¾杯（900毫升）　牛奶
盐
混合绿叶沙拉，配菜（可选）

成品照片请见对页

大平底锅中加入黄油，小火加热至其熔化，拌入面粉，然后加入意式火腿持续搅拌，直到面糊变成棕色。小牛胸用厨房用绳绑牢，放入锅中，大火煎至上色，用盐调味。

在锅中倒入¾杯（175毫升）牛奶，不断搅拌，直至牛奶完全被牛肉吸收。这一步骤需要重复3次，切记不要加盖锅盖，并确保每次倒入牛奶前，上一次加入的牛奶已经被完全吸收。最后，加入剩余的牛奶，继续搅拌烹煮，直至汤汁黏稠。

将煮好的小牛肉从锅中取出，去掉厨房用绳，将肉切成片，装盘并淋上酱汁，可以搭配混合绿叶沙拉食用。

香烤酿小牛胸
Spinacino ripieno

4人份
准备时长：30分钟
烹饪时长：45分钟

3½杯（100克）　菠菜
将近1杯（200克）　羊奶里科塔奶酪
1个　鸡蛋
100克　烟熏火腿，切碎
30克　佩科里诺干酪，磨碎
600克　小牛胸
3汤匙　黄油
半杯（120毫升）　白波特酒
8个　红葱头，去皮并对半切开
将近1杯（200毫升）　蔬菜高汤
盐和黑胡椒
烤芦笋佐甜芥末酱（见262页），
配菜

预热烤箱至180℃/挡位4。烧一锅开水，放入菠菜，焯水2分钟，捞出放入冰水中冷却，挤去多余的水后切碎。将菠菜和羊奶里科塔奶酪在一个大碗里混合，加入一小撮盐、黑胡椒、鸡蛋、切碎的烟熏火腿和佩科里诺干酪，搅拌均匀，制作成馅料。把馅料装入裱花袋，填入小牛肉里，并用肉针将开口缝合。

珐琅锅中放入黄油，中火加热至其熔化，放入缝好的小牛肉，煎至上色，大约需要10分钟。随后倒入白波特酒，加入对半切开的红葱头，再倒入高汤，用盐和黑胡椒调味。放入烤箱烤制35分钟后，即可将小牛肉从烤箱中取出，冷却后搭配烤芦笋佐甜芥末酱食用。

提示：小牛胸的末端天然形成一个"口袋"，是制作这道菜最好的选择，所以应保持其形态完整。

橄榄炖煮小牛腿
Arrosto alle olive

6人份
准备时长：35分钟
烹饪时长：1小时25分钟，另加10分钟静置

800克　小牛腿（上部）
2杯（200克）　去核绿橄榄，对半切开
2汤匙　橄榄油
4汤匙　黄油
1个　洋葱，切碎
1根　胡萝卜，切碎
1根　芹菜，切碎
1枝　迷迭香，切碎
¾杯（175毫升）　干白葡萄酒
盐和黑胡椒
适量热高汤（可选）
1~2汤匙　黄油（可选）
1~2汤匙　中筋面粉（可选）

成品照片请见对页

用一把锋利的小刀在小牛腿上扎几个小口，把橄榄塞进去，然后用厨房用绳绑牢。

在一口大平底锅中加入橄榄油和黄油，小火加热使其熔化，加入切碎的洋葱、胡萝卜、芹菜、迷迭香，翻炒10分钟。加入小牛腿，煎至上色。然后倒入干白葡萄酒，大火煮开后，用盐和黑胡椒调味，调小火炖煮1小时，偶尔翻动一下小牛腿，若锅内的汤汁开始变少，可以适时加入少许温水。

煮好的小牛腿从锅中取出，静置10分钟，去掉厨房用绳，切片并装盘。

用食物研磨器处理肉汁，如果过于黏稠，可以加入适量热高汤稀释；如果太稀，则可以使用黄油和中筋面粉增稠（使用等量的黄油和面粉）。最后将酱汁浇在肉上，即可上桌。

◆

炖煮小牛腿
Arrosto di girello

6人份
准备时长：30分钟
烹饪时长：1小时40分钟，另加10分钟静置

800克　小牛腿（上部）
4汤匙　黄油
25克　意式培根，切片
1个　洋葱，切薄片
3根　胡萝卜，切薄片
1束　香草，切碎
¾杯（175毫升）　干白葡萄酒
盐和黑胡椒

用厨房用绳将小牛腿绑牢。平底锅放入黄油，中火加热使其熔化，放入小牛腿，煎至上色，大约需要10分钟。然后用盐和黑胡椒调味，将小牛腿从平底锅中取出。

平底锅中以意式培根垫底，把小牛腿重新放回锅中，然后把洋葱、胡萝卜和香草放在小牛腿上。锅中倒入¾杯（175毫升）温水和葡萄酒，大火烧开后，加盖锅盖，转小火，文火慢炖约1小时30分钟。

炖煮好的小牛腿从锅中取出，静置约10分钟。将锅中的汤汁和食材用食物处理机打成泥状。去掉小牛腿上的厨房用绳，切成薄片后装盘，浇上泥状汤汁即可。

苹果汁炖煮小牛腱
Stinco al sidro

6人份
准备时长：10分钟
烹饪时长：2小时

150克　黄油
4个　红葱头，切薄片
1根　小牛腱
1汤匙　苹果白兰地
4¼杯（1升）　苹果汁
300克　珍珠洋葱
4个　红苹果，去核切丁
1杯（250毫升）　厚奶油
1个　蛋黄
盐和黑胡椒
你喜欢的香草，摆盘用

成品照片请见对页

在一口大锅中加入4汤匙（50克）黄油，小火加热使其熔化，加入红葱头，翻炒10分钟左右。调大火，放入小牛腱，煎至上色。用盐和黑胡椒调味，加入苹果白兰地，待其完全蒸发后，倒入苹果汁，再加入少许盐，大火煮开后转小火，加盖锅盖，文火慢炖1小时30分钟。

同时，在另一口锅中放入4汤匙（50克）黄油，小火加热使其熔化，加入珍珠洋葱翻炒约15分钟。在第三口锅中加入剩余的黄油，小火加热使其熔化后，加入苹果丁，偶尔搅拌一下，煮至苹果变软。

取出煮好的小牛腱，保温。在煮肉的汤汁中加入奶油和蛋黄，小火加热，使汤汁保持即将沸腾的状态，煮至浓稠，制成酱汁。将小牛腱切成小块后装盘，淋上酱汁，苹果和洋葱放在肉的周围，最后用你喜欢的香草装饰即可。

珐琅锅炖小牛肉
Filetto in casseruola

4人份
准备时长：20分钟
烹饪时长：30分钟，另加5分钟静置

1千克　小牛里脊
2汤匙　橄榄油
2汤匙　黄油，额外备1小块
1枝　迷迭香
2片　月桂叶
半个　柠檬
2½汤匙　中筋面粉
半杯（120毫升）　干白葡萄酒或
2汤匙白葡萄酒醋
盐和黑胡椒

小牛里脊用盐和黑胡椒调味后放在一旁备用。珐琅锅中倒入橄榄油和2汤匙黄油，大火加热使其熔化后，加入迷迭香、月桂叶和柠檬，并放入小牛里脊，加盖锅盖烹煮25分钟，其间要不时翻动小牛里脊。25分钟后，挑出柠檬、迷迭香和月桂叶。在小碗中将一小块黄油和中筋面粉混合均匀，倒入珐琅锅中，把干白葡萄酒或白葡萄酒醋淋在小牛里脊上，大火收汁约5分钟。

关火并将小牛里脊静置5分钟，然后切成适口的薄片，装盘并浇上肉汁即可。

提示：将迷迭香和月桂叶用厨房用绳捆起来，既保证迷迭香的叶子不会在烹饪过程中散落，也方便稍后将其从锅中挑出。

橙香炙烤小牛肉卷
Entrecôte con pancetta al profumo d'arancia

4人份
准备时长：15分钟
烹饪时长：30分钟

6条　油浸凤尾鱼柳
2个　橙子
1束　欧芹，只取叶子，切碎
150克　小牛肉（臀腿部）
100克　意式培根，切片
2枝　迷迭香，只取叶子，切碎
盐和黑胡椒

香草什锦沙拉：
5杯（150克）　综合绿叶沙拉和香草，如薄荷、野茴香、罗勒
1汤匙　意大利香醋
一小撮　盐
4汤匙　特级初榨橄榄油

成品照片请见对页

预热烤箱至180℃/挡位4，在深烤盘里铺上烘焙纸。

　　凤尾鱼柳用厨房纸拍干后切碎，放在一旁备用。将一个橙子洗净后，用削皮刀将橙皮削下来，然后用沸水焯5分钟，之后沥干切碎。将凤尾鱼碎、橙皮碎和切碎的欧芹在碗中混合。

　　将这个橙子的果肉和另一个橙子一起榨汁并过滤，橙汁和橙皮放在一旁备用。

　　小牛肉用盐调味，然后将凤尾鱼混合物涂在每一块小牛肉上，再用意式培根将每一块小牛肉包起来，用厨房用绳绑牢。将小牛肉转移到准备好的烤盘上，把橙汁倒在肉上，加入切碎的迷迭香和黑胡椒。用第二个橙子榨汁后剩余的果皮擦一点碎屑，撒在小牛肉上，将牛肉放入烤箱中烤制20分钟，之后放上烤架，烤制5分钟即可。

　　同时，将综合绿叶沙拉和香草放入碗中，用意大利香醋、盐和橄榄油混合制成简易的油醋汁，淋在沙拉上，可以搭配烤好的小牛肉食用。

柠檬炖小牛肉
Arrosto al limone

4人份
准备时长：15分钟，另加3小时腌制
烹饪时长：1小时10分钟

6汤匙　橄榄油
1个　柠檬，榨汁
800克　小牛腿（上部）
盐和黑胡椒

　　在一个大盘子里混合橄榄油和柠檬汁，用盐和黑胡椒调味，然后放入小牛肉，腌制约3小时，其间要不时翻动小牛肉，确保小牛肉的每一面都接触到腌料。

　　把牛肉和腌料倒入锅中，倒入⅔杯（150毫升）水，煮沸后转小火，慢炖约1小时，或直至小牛肉软嫩。将煮好的小牛肉取出，切片后装盘。将锅中剩余的汤汁收汁至略为浓稠后，淋在小牛肉上即可。

羊肉

提起意大利菜肴时，绝大多数人首先想到的不会是羊肉，人们耳熟能详的是火腿、牛肉酱、小牛肉火腿卷，甚至是野猪肉。实际上，虽然意大利成为一个完整的国家仅150年，但这个坐拥高山、绿水、海岸、平原等各种地貌的地中海国家对羊肉的应用绝对超出你的想象。

意大利菜最具代表性的一点是对食材和风味的尊重，烹饪过程力求物尽其用。尽量选购品质上乘的羊肉，因为接下来将要介绍的食谱绝对物超所值。食谱中所提到的羊肉的部位和具体切法都是在意大利菜中常见并容易在市场上购得的种类，你可以请肉贩为你去骨或切掉多余的脂肪。

在意大利，乳饲羔羊（Milk-fed Lamb）指的是只以母乳为食的小羊。意大利语中，"abbachio"一词特指只有五六个星期大的羔羊，在拉齐奥地区非常流行。在美国，"Lamb"一词泛指6~8个月大、最多不会超过1岁的小羊。但不用担心，这种小羊在肉质和风味上完全可以满足任何意大利食谱，仅需将食谱所要求的烹饪时长稍稍延长。如果食谱要求的是乳饲羔羊，那么就额外多烹煮5分钟，如果菜谱要求使用"abbachio"，延长10分钟即可。因为草饲羔羊的肌肉比乳饲羔羊更发达，所以需要更长的烹饪时间来分解肌肉和结缔组织。标签上标明"Mutton"的羊肉通常指1岁以上的羊，它们的风味更为浓郁，也需要更长的烹煮时间。在美国，羊肉的受众范围很小，所以如果你有兴趣尝试，建议刚开始不要准备太多食材，避免浪费，同时要做好需要长时间烹煮的准备。

羊肉是一种脂肪含量很高的肉类，在烹饪过程中，油脂会熔化，肌肉会收缩，如果希望最后成品的体量接近牛肉或猪肉菜肴，建议多购买一点食材。本章节的食谱已经考虑到了这一点，所以只要严格按照食谱要求的食材用量准备即可。

适合烧烤的部位

羊腿最适合用于大型聚会；羊肩较便宜，油脂也更为丰富，但需要更长的烹饪时间。羊脊骨是羊身上最令人赞叹的部位，它的肉质精瘦且价格不菲，非常适合8~10人的聚会。羊脊肉的油脂介于腿肉和肩肉之间，去骨后非常适合制作成馅料，与其相类似的是羊胸肉，它的油脂最丰富且价格实惠。羊排或羊颈末尾处是整只羊身上最上等、最昂贵的部位，由于肉质精瘦，烹饪速度必须很快。羊臀肉（羊脊肉和羊腿的连接处）的性价比最高且无骨。

适合炖煮或烩煮的部位

羊的任何部位切成大块后都非常适合炖煮或者烩煮，聪明的做法是选择相对便宜的部位，例如颈部。羊颈肉质地非常坚韧，但经过长时间的烹煮后，味道极为醇厚；除此之外，小腿肉也是很好的选择，长时间的慢炖会令其肉质非常软嫩。烹煮羊肩肉时，应该提前去除表面多余的脂肪，烹煮时也要注意撇去表面的浮油，这样炖煮出来的羊肩肉会非常美味。切成小块的羊臀肉经过长时间的慢炖，风味绝佳。

意式切法
及烹饪技巧

1 颈脖肉
烩煮和炖煮

3 上肋
炙烤的最佳部位

5 腰肉
非常适合烤制

2 肩肉
烤制和烩煮

4 胸腹肉
适合烩煮

6 腿肉
最适合烤制的部位

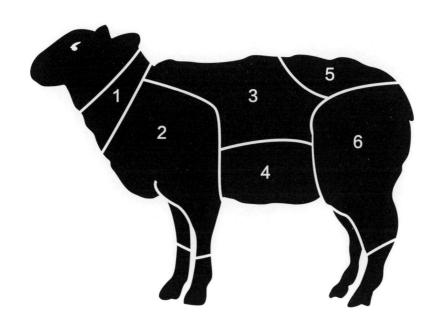

美式切法和烹饪技巧

1 脖颈
烩煮

2 羊肩
烤制、烩煮，可切成羊排用于炙烤和煎烤

3 肋排
烤制，可切成羊排用于炙烤和煎烤

4 腰脊
烤制，可切成羊排用于炙烤和煎烤

5 羊腿
烤制，可切成羊排用于炙烤和煎烤

6 后小腿
炖煮或成绞肉

7 羊胸
去骨后制成肉卷用于烤制，或制成绞肉

8 前小腿
炖煮，或制成绞肉

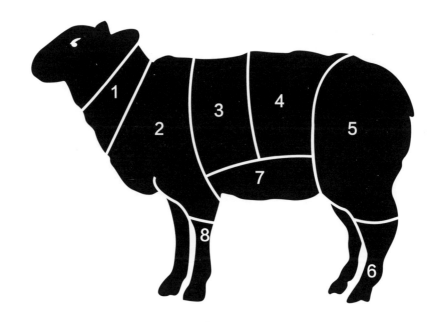

英式切法和烹饪技巧

1 脖颈
烩煮和炖煮

2 中脖肉
烩煮和炖菜

3 肩肉
烤制、烧烤，可制成肉串和炖菜

4 前小腿
炖煮

5 后脖肉（小羊排）
烤制，可切成羊排用于炙烤和烩煮

6 腰脊
烤制，包括整块羊脊骨，可切成羊排用于炙烤或煎烤，或切成肉片

7 羊臀
烤制，可切成羊排用于炙烤和烩煮

8 腿肉
烤制和炙烤

9 后小腿
炖煮

10 羊胸
可去骨并制成肉卷，用于烤制和炖煮

烤羊腿配根茎类蔬菜
Cosciotto d'agnello con radici al forno

4人份

准备时长：30分钟

烹饪时长：1小时20分钟，另加10分钟静置

2千克　羊腿

6瓣　大蒜

50克　意式培根

2枝　迷迭香，只取叶子

4~5汤匙　特级初榨橄榄油

⅔杯（150毫升）　白葡萄酒

4根　胡萝卜，切大块

2个　甘薯，切片

2个　芜菁，切片

盐和黑胡椒

预热烤箱至160℃/挡位3。用一把小刀在羊腿上扎几个较深的小口。把一瓣大蒜、意式培根和迷迭香切碎后塞进去，表面撒盐和黑胡椒，稍加揉搓，最后用厨房用绳将羊腿绑牢。

在深烤盘中倒入特级初榨橄榄油，放入剩余的蒜瓣、白葡萄酒、⅔杯（150毫升）温水和羊腿。放入烤箱中烤制1小时，其间需要不时将汤汁淋在羊腿上。

同时，烧一锅开水，放盐后将根茎类蔬菜分批焯水5~6分钟，捞出沥干，放在一旁备用。

将烤箱的温度提高至180℃/挡位4，将焯好的蔬菜放入深烤盘，依口味用盐调味，稍稍搅拌蔬菜和肉汁，使之充分混合，再将烤盘放回烤箱，烤制20分钟，其间依旧要不时地将汤汁淋在羊腿上。

待羊腿烤熟后，将羊腿从深烤盘中取出，用锡箔纸包好，静置10分钟。将羊肉切片后装盘，淋上肉汁，搭配根茎类蔬菜食用即可。

提示：烹饪肉类的时间取决于肉的分量。对于500克羊肉来说，待表面均匀上色后，一至三分熟大概需要10分钟，五分或者全熟则分别需要12分钟和20分钟。

烤羊腿
Cosciotto arrosto

6人份
准备时长：20分钟
烹饪时长：1小时30分钟，另加10分钟静置

适量黄油
2千克 羊腿
80克 意式培根，切条
6片 新鲜的鼠尾草叶子，切条
1汤匙 迷迭香
适量橄榄油，用于涂刷烤盘
4瓣 大蒜，切碎
5汤匙 白葡萄酒醋
5汤匙 白葡萄酒
盐和黑胡椒
菠菜沙拉，配菜

成品照片见第121页

烤箱预热至200℃/挡位6。在深烤盘里涂抹一层黄油，放在一旁备用。用一把尖刀在羊腿上扎一些小口，逐一塞入迷迭香和鼠尾草，再用意式培根将整条羊腿卷起来，涂上橄榄油并放入之前准备好的深烤盘中，用盐和黑胡椒粉调味，再撒上切碎的大蒜和迷迭香，倒入白葡萄酒醋和白葡萄酒，放入烤箱烤制1小时30分钟。待烤制到45分钟时，将羊腿翻面，其间应不时将汤汁淋在羊腿上。

待羊腿烤好后，将其从深烤盘中取出，用锡箔纸包好，静置10分钟。将羊腿切好后装盘，可以搭配菠菜沙拉食用。

香草酥皮烤羊腿
Cosciotto in crosta d'erbe

6人份
准备时长：25分钟
烹饪时长：1小时30分钟，另加10分钟静置

2汤匙 切碎的百里香
2汤匙 切碎的牛至
2汤匙 切碎的平叶欧芹
2汤匙 切碎的迷迭香
4汤匙 橄榄油
1½杯（70克） 新鲜的面包屑
2千克 羊腿
盐和黑胡椒

成品照片请见对页

烤箱预热至240℃/挡位9。将百里香、牛至、欧芹和迷迭香放入碗中，加入橄榄油和面包屑，用盐和黑胡椒调味，搅拌均匀，放在一旁备用。

将羊腿放入一个深烤盘里，撒上一层香草面包屑，放入烤箱烤制15分钟。将烤箱的温度降低至180℃/挡位4，深烤盘中倒入⅔杯（150毫升）温水，继续烤制1小时15分钟或直至羊肉达到理想的熟度。

烤好的羊肉从烤盘中取出，用锡箔纸包好，静置10分钟。将羊腿切好后装盘即可。

提示：将番茄对半切开后去籽，填入面包屑和牛至碎，淋上橄榄油，再用盐和黑胡椒调味，在烤箱中以180℃/挡位4烤制15分钟，即可做成配菜。

蒜香茴香籽烤羊脊肉

Carré di agnello all'aglio e semi di finocchio

4人份
准备时长：15分钟
烹饪时长：1小时

1汤匙　茴香籽
适量黑胡椒粒
少许　粗盐
1条　带骨羊脊肉
6~7汤匙　特级初榨橄榄油
4头　大蒜
¼杯（60毫升）　白兰地
1根　法棍，切片烘烤

沙拉：
综合绿色蔬菜叶片
适量橄榄油
适量柠檬汁
盐

成品照片请见对页

　　烤箱预热至180℃/挡位4。将茴香籽、黑胡椒粒和粗盐用小型食物处理机研磨成粉，你也可以用研钵和杵完成这一步骤。在羊脊肉上刷一汤匙橄榄油，然后把香料均匀地涂抹在肉上，并用锡箔纸将骨头包住，防止烤制的时候骨头变色。

　　深烤盘中倒入剩余的橄榄油，放入羊脊肉和大蒜，在烤箱里烤制15分钟。然后将白兰地倒在羊脊肉上，并在深烤盘里浇上一汤勺热水，再烤制40~45分钟。

　　将烤好的羊脊肉从烤盘中取出，用锡箔纸包好保温静置。把烤好的大蒜小心地剥开，避免烫伤。将蒜瓣和烤盘中剩余的肉汁混合，用手持搅拌机将其打成顺滑的蒜泥。把蒜泥涂抹在几片烤好的法棍上即可。

　　综合蔬菜叶片用橄榄油、柠檬汁和盐制作的简易油醋汁调味。羊脊肉切开装盘，搭配沙拉、烤面包食用。

　　提示：为了增强茴香的香味，可以用¼杯（60毫升）法国绿茴香酒或其他具备茴香风味的利口酒替代白兰地。如果你喜欢全熟的羊肉，则需多烤制10分钟。

凤尾鱼烤羊肉配红葱头酱汁

Agnello all'acciuga con scalogni

4人份

准备时长：30分钟，另加20分钟浸泡

烹饪时长：2小时40分钟

1汤匙　腌刺山柑，沥干
4条　腌凤尾鱼
1瓣　大蒜，去皮
1.2千克　去骨羊腿
一满茶匙　普罗旺斯干香料
1汤匙　特级初榨橄榄油
⅔杯（150毫升）　白葡萄酒
12个　红葱头，去皮
1¼汤匙　中筋面粉
将近1杯（200毫升）　蔬菜高汤
盐和黑胡椒

把腌刺山柑放在温水中浸泡20分钟后沥干。用水洗去腌凤尾鱼表面的盐，然后在另一个小碗里泡10分钟，而后沥干去骨，并用厨房纸拍干，与刺山柑、大蒜一起切碎，放在一旁备用。

烤箱预热至140℃/挡位1。用一把锋利的刀，将去骨的羊腿从中间切开，注意不要切断，将刺山柑和凤尾鱼混合物均匀地涂抹在羊腿内部，然后整理造型，再用厨房用绳绑牢。取一个小碗，放入普罗旺斯干香料、一小撮盐、黑胡椒和特级初榨橄榄油，混合均匀后涂抹在羊腿表面。深烤盘直接放在灶台上，大火加热，然后将羊腿煎至表面上色。把白葡萄酒浇在羊肉上，用锡箔纸包好后，便可将烤盘移入烤箱烤制2小时。

烧一锅开水，加盐，放入去皮的红葱头，焯5分钟，捞出沥干。待羊肉烤好后，去掉锡箔纸，把红葱头放置在羊肉周围，并将烤箱的温度提升至200℃/挡位6，烤盘放回烤箱继续烤制20分钟，其间不时将烤盘中的汤汁淋在羊肉上。将羊肉和红葱头从烤盘中取出，保温备用。

把烤盘中剩余的肉汁倒入一口小汤锅中，加入面粉和蔬菜高汤，用打蛋器搅拌均匀，小火慢煮7~8分钟，再放入烤好的红葱头，继续煨煮2~3分钟。羊肉切片装盘，浇上酱汁即可。

提示：可以用去骨的羊肩肉替代羊腿，也可以用马铃薯做配菜。准备400克新马铃薯，洗净切块，水里加一点盐，焯5分钟后将马铃薯捞出，和红葱头一起放入烤箱中烤制。

烤蔬菜羊肉卷
Carré farcito alle verdure

6人份

准备时长：40分钟

烹饪时长：1小时，另加10分钟静置

4汤匙　橄榄油

1条　羊脊肉，切掉多余脂肪备用

1个　小茄子，切丁

1个　小胡瓜，切丁

¼个　甜椒，切丁

2汤匙　厚奶油

1个　蛋黄

1茶匙　切碎的百里香

1茶匙　切碎的马郁兰

半杯（25克）　新鲜面包屑

1张　猪网油

几滴　意大利香醋

盐和黑胡椒

烤箱预热至200℃/挡位6。深烤盘里铺烘焙纸，并刷上2汤匙橄榄油。

用一把锋利的刀，将羊脊肉纵向切开，但不要切断，使其形似一个口袋。

平底锅中火加热，倒入剩余的橄榄油，放入茄子、胡瓜和甜椒，用盐和黑胡椒调味，中火炒5分钟断生即可。

将切下备用的脊肉脂肪、炒熟的蔬菜、厚奶油、蛋黄、切碎的百里香和马郁兰一起放入食物处理机，搅拌成顺滑的馅料，用盐和黑胡椒调味，装入羊脊肉"口袋"，并用肉针和厨房用绳缝合。在羊肉表面撒上新鲜的面包屑，用盐和黑胡椒调味，用猪网油将整块羊肉包起来，用厨房用绳绑牢。

煎锅用大火加热，放入羊肉，煎至表面上色后，放入提前准备好的深烤盘，移入烤箱烤制35分钟，如果喜欢全熟的羊肉，则多烤10分钟。其间不时将烤盘中的汤汁淋在羊肉上，并适时加入一些水，防止烤干。

将烤好的羊肉从烤箱中取出，静置10分钟。把厨房用绳去掉，切片后装盘，滴上几滴意大利香醋，淋上肉汁即可。

提示：如果你找不到整条的羊脊肉，去骨的羊脊骨肉也是一个不错的选择。若使用羊脊骨肉，则不需要在肉上另行开口，因为两条脊肉之间已经有了天然的"口袋"。馅料中需要增加半杯（25克）新鲜面包屑。同时你也不需要猪网油，填入馅料后用厨房用绳固定即可。

意式培根卷菲达乳酪烤羊腿

Cosciotto d'agnello con pancetta e feta

6人份
准备时长：15分钟，另加2小时腌制
烹饪时长：40分钟，另加10分钟静置

2千克　羊腿
1个　洋葱，切丝
1杯（150克）　菲达乳酪
1汤匙　切碎的百里香
1个　柠檬，果皮碎屑
100克　意大利培根，切片
4~5汤匙　橄榄油
⅔杯（150毫升）　白葡萄酒
盐和黑胡椒

腌料：
1¼杯（300克）　原味酸奶
1瓣　大蒜
4~5颗　杜松子，碾碎
1片　月桂叶，切碎

在一个大碗中放入原味酸奶、大蒜、碾碎的杜松子、切碎的月桂叶、一小撮盐和黑胡椒，搅拌均匀后放入羊肉，确保羊肉完全浸没在腌料中，放入冰箱腌制2小时。

烤箱预热至180℃/挡位4。在碗中，将菲达乳酪用叉子压碎，加入百里香和柠檬皮碎屑搅拌均匀。

将羊肉从腌料中取出并沥干，腌料可以丢弃。将菲达乳酪混合物均匀地铺在羊腿表面，并用意大利培根包起来，最后用厨房用绳绑牢。把处理好的羊腿放入深烤盘中，倒入橄榄油和白葡萄酒，放进烤箱烤制40分钟，其间应不时将烤盘中的汤汁淋在羊腿上，并适时加入一汤勺温水，以防止烤干。

把烤好的羊肉从烤盘取出，用锡箔纸包好，静置10分钟。然后切片装盘，搭配肉汁食用即可。

提示：可以用山羊奶酪替代菲达乳酪，柠檬皮碎屑亦可以换成橙皮碎屑。关于配菜的选择，薄荷豌豆泥（见第262页）是非常美味的备选方案。

百里香烤羊脊肉配炒苦苣
Carré al timo con contorno di scarola

6人份
准备时长：20分钟
烹饪时长：1小时55分钟

4汤匙　橄榄油
1条　羊脊肉，羊骨剔下备用，肉切厚片
3根　芹菜茎，切丁
3根　胡萝卜，切丁
2个　洋葱，切丁
2个　柠檬，果皮碎屑
⅔杯（150毫升）　干白葡萄酒
2个　蛋黄
将近¼杯（50毫升）　厚奶油
4汤匙（额外备1小块）　黄油
1汤匙　切碎的百里香
1汤匙　切碎的欧芹
1千克　宽叶苦苣
盐和黑胡椒

成品照片请见对页

烤箱预热至220℃/挡位7。深烤盘中铺烘焙纸，并刷上1汤匙橄榄油。

平底锅中倒入剩余的橄榄油，中火加热，放入羊骨、芹菜、胡萝卜、洋葱、柠檬皮碎屑，翻炒上色后倒入白葡萄酒，待其完全蒸发后，倒入没过食材的冷水，加盖锅盖，煮开后转小火，待收汁至一半时，取出羊骨。

将汤汁过滤，倒入小汤锅，小火加热，一边用打蛋器快速搅拌，一边加入蛋黄和厚奶油，用盐和黑胡椒调味，完成酱汁。

同时，在一个小碗中混合4汤匙黄油、百里香和欧芹，然后把混合物涂抹在羊肉表面，把羊肉放入预先准备好的深烤盘中，在烤箱中烤制20分钟，或达到理想的熟度即可。

在烤肉的同时烧一锅开水，加盐后放入苦苣焯水4~5分钟，捞出过冰水，冷却后沥干。煎锅中加入一小块黄油，中火加热，放入苦苣，翻炒约10分钟，用盐调味。

将羊肉装盘，倒入酱汁，把苦苣摆放在羊肉旁边。

纸包羊肉
Spalla al cartoccio

6人份
准备时长：30分钟
烹饪时长：1小时

适量橄榄油，用于涂刷烤盘
1千克　去骨羊肩，切掉多余脂肪
1枝　平叶欧芹，切碎
1枝　细叶芹，切碎
1枝　牛至，切碎
1片　月桂叶
¾杯（175毫升）　干白葡萄酒
半个　柠檬，榨汁，过滤
盐和黑胡椒

成品照片请见对页

烤箱预热至200℃/挡位6。烤盘里放一张大烘焙纸，刷上橄榄油。羊肉用盐和黑胡椒调味，然后把羊肉放置在烘焙纸的中央，撒上切碎的香草和月桂叶。提起烘焙纸的四角，慢慢地将干白葡萄酒和柠檬汁倒在羊肉上，然后小心地用烘焙纸把羊肉包起来，确保纸包里的液体不会漏出来。把烤盘移入烤箱，烤制1小时，或直至达到理想的熟度。上桌时，先将纸包稍微打开一点，让蒸气稍稍逸出，再完全打开。

原汁烩羊肉
Fricassea con cipolline

4人份
准备时长：20分钟
烹饪时长：1小时

3汤匙　黄油
3汤匙　橄榄油
800克　羊腿，切小块
400克　珍珠洋葱
2¼杯（500毫升）　干白葡萄酒
2个　蛋黄
1个　柠檬，榨汁，过滤
盐和黑胡椒

平底锅中加入黄油和橄榄油，大火加热使其熔化，放入羊肉煎至上色，然后将羊肉取出，放在温暖处备用。

锅中放入珍珠洋葱，中火翻炒至上色，大约需要10分钟。然后把羊肉倒回锅中，用盐和黑胡椒调味，倒入干白葡萄酒，大火煮开后调小火，加盖锅盖，焖煮40分钟。

把蛋黄和柠檬汁倒入一个小碗，搅拌均匀。然后将锅离火，把蛋液混合物倒入锅中快速搅拌，待汤汁变黏稠并包裹住羊肉，即可装盘上桌。

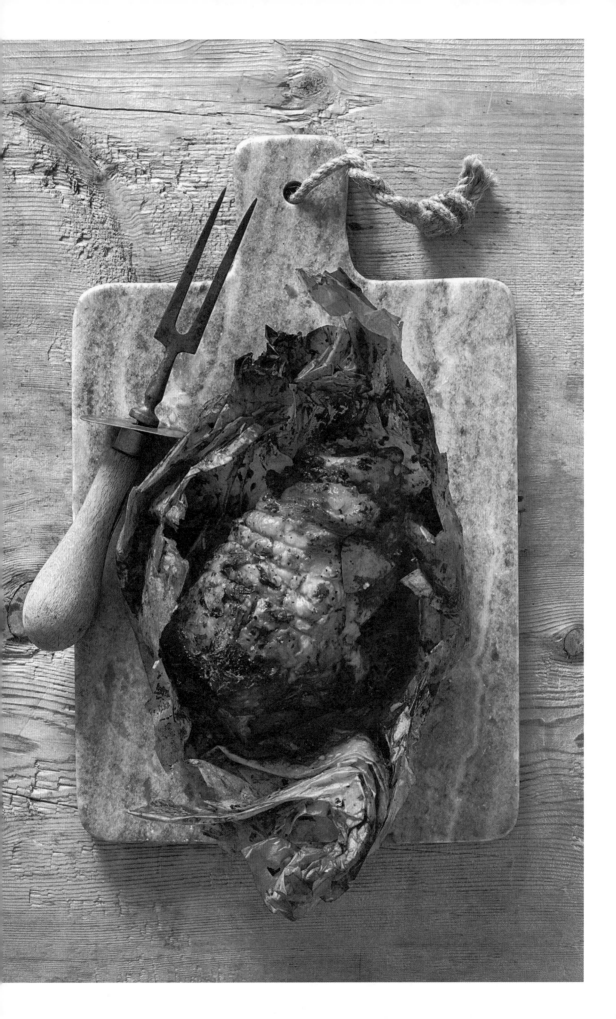

猎人风味烤羊腿
Cosciotto alla cacciatora

4人份
准备时长：25分钟，另加12小时腌制
烹饪时长：2小时

1.4千克　羊腿
3汤匙　橄榄油

腌料：
1汤匙　橄榄油
1瓣　大蒜，切碎
1个　红葱头，切碎
1个　洋葱，切碎
半根　胡萝卜，切碎
1¼杯（300毫升）　红葡萄酒
半杯（120毫升）　红葡萄酒醋
¼杯（60毫升）　桃红葡萄酒
1片　柠檬
3颗　杜松子
1粒　丁香
5粒　黑胡椒
盐

酱汁：
2汤匙　黄油
1个　红葱头，切碎
1汤匙　切碎的洋葱
将近¼杯（25克）　中筋面粉
1大杯（275毫升）　高汤
1汤匙　切碎的欧芹

腌料需提前一天准备。汤锅中加入橄榄油，小火加热，加入大蒜和红葱头翻炒至上色。之后将剩余的材料倒入锅中，小火煨煮10分钟后，关火冷却。

羊腿上切一些口子，以便腌料能够渗透入味。把羊腿放在一个大盘子里，把冷却的腌料倒在羊腿上，再用保鲜膜把盘子包起来，放入冰箱腌制12小时或过夜，其间可以适当翻面。

烤制前，将烤箱预热至200℃/挡位6。将羊腿从腌料中取出，腌料放在一旁备用。用厨房纸将羊腿表面拍干，表面涂刷橄榄油。烤盘里放一个烤架，把羊腿放在烤架上，然后往烤盘中倒入1杯（250毫升）水，即可将烤盘移入烤箱，烤制20分钟。紧接着将烤箱的温度调至180℃/挡位4，再烤制40分钟，其间不时将烤盘中的汤汁淋在羊肉上，并适时在烤盘中加水，防止烤干。

同时可以准备酱汁。在汤锅中倒入一大杯（275毫升）过滤后的腌料汁，中低火加热，收汁至一半，放在一旁备用。另取一口小锅，放入一小块黄油，中火熔化后，加入切碎的红葱头和洋葱，翻炒约5分钟，上色后加入面粉，继续翻炒至面粉微微变黄，再倒入煮好的腌料和高汤，小火煨煮15分钟，最后放入切碎的欧芹，搅拌均匀即可。

将烤好的羊腿取出，切片装盘，搭配酱汁食用。

犹太风味炖乳羊
Abbacchio all giudia

6人份
准备时长：30分钟
烹饪时长：50分钟，另加5分钟静置

将近¼杯（40克）　猪油
半个　洋葱，切碎
50克　意式火腿，切碎
1千克　乳羊肉，切中等块，洗净，拍干
半汤匙　中筋面粉
半杯（120毫升）　白葡萄酒
3个　蛋黄
1枝　欧芹，切碎
1撮　干马郁兰
1个　柠檬，榨汁
盐和黑胡椒

平底锅中放入猪油，小火加热使其熔化，加入洋葱和意式火腿，翻炒至上色后，加入乳羊肉，用盐和黑胡椒调味。调至大火，将乳羊肉表面煎至金黄，撒入面粉，继续翻炒2分钟，然后倒入白葡萄酒，待其完全蒸发后，加入一汤勺热水，加盖锅盖，调小火，焖煮40~45分钟，偶尔搅拌一下，如有需要，可以加入更多的热水。

同时，在小碗里将蛋黄、欧芹、马郁兰和柠檬汁混合成蛋液，搅拌均匀。在烹饪结束前1分钟，将蛋液倒入锅中，快速搅拌至均匀。

关火后加盖锅盖静置5分钟，或直至酱汁如奶油般顺滑，即可装盘上桌。

毛里塔尼亚风味炖羊肉
Agnello alla Mauritana

4人份
准备时长：25分钟
烹饪时长：1小时30分钟

6汤匙　橄榄油
1千克　羊肉，切块，洗净，拍干
1个　白洋葱，切碎
2¼杯（250克）　番茄干，切碎
2杯（300克）　珍珠古斯米或撒丁岛球型意面
盐和黑胡椒

在一口大汤锅中加入橄榄油，大火加热，放入羊肉，煎至表面上色，加入洋葱和番茄干，搅拌均匀后调小火，煨煮1小时。用盐和黑胡椒调味后关火，将羊肉捞出，放在温暖处保温。

汤锅中倒入4¼杯（1升）水，与锅中剩余的肉汁混合，煮至沸腾后，加入珍珠古斯米，搅拌后调小火，不需要加盖锅盖，煮10分钟，或直至水分完全蒸发，但同时要确保不要干锅。

将煮好的古斯米盛入盘中，浇上炖好的羊肉即可食用。

阿布鲁佐风味炖羊肉
Agnello all'Abruzzese

4人份
准备时长：20分钟
烹饪时长：1小时15分钟

3汤匙　橄榄油
80克　意式培根，切丁
1.2千克　羊腿肉，切块
1个　洋葱，切碎
1个　胡萝卜，切碎
1根　芹菜，切碎
半杯（120毫升）　白葡萄酒
将近2½杯（400克）切碎的番茄
一小撮　牛至
1汤匙　欧芹，切碎，额外备一些摆盘用
盐和黑胡椒

成品照片请见对页

煎锅中倒入橄榄油，大火加热，先放入意式培根，再放入羊肉，煎至羊肉上色，然后加入切碎的洋葱、胡萝卜和芹菜，翻炒均匀后，用盐和黑胡椒调味，倒入白葡萄酒，待其完全蒸发后调小火，将切碎的番茄过筛后加入锅中，紧接着放入牛至和欧芹，调大火煮沸后，调至中火，加盖锅盖，焖煮1小时，偶尔搅拌一下。

把炖好的羊肉从锅中取出保温，然后用食物处理机或手持搅拌机将酱汁打至顺滑。羊肉装盘，浇上酱汁，撒上欧芹作为装饰。

◆

香醋烩羊肉
Agnello alle erbe aromatiche

6人份
准备时长：30分钟，另加15分钟浸泡
烹饪时长：1小时15分钟

⅔杯（150毫升）　醋
2枝　迷迭香，切碎
2～3片　鼠尾草叶
2～3片　月桂叶
500克（约4个）　番茄
1.5千克　羊肩肉，切中等块，洗净，拍干
适量中筋面粉，用于裹粉
3~4汤匙　橄榄油
1瓣　大蒜
2~3片　凤尾鱼鱼柳
盐和黑胡椒

把醋倒入碗中，加入切碎的迷迭香、鼠尾草和月桂叶，浸泡15分钟。

把番茄放入碗中，浇上热水，然后捞出放入冰水中冷却，便可轻松剥皮。番茄切开去籽，果肉切丁备用。

在羊肉表面撒上面粉，然后抖去多余的面粉。珐琅锅中倒橄榄油，中火加热，放入大蒜，翻炒至金黄后取出，紧接着放入凤尾鱼，将其炒至溶解，然后加入羊肉，煎至上色，即可将浸泡了香草的醋倒入锅中，煮沸后转小火，用盐和黑胡椒调味，接着放入番茄丁，加盖锅盖，烩煮1小时，其间偶尔搅拌一下。

把羊肉从锅中取出，即可装盘。

洋蓟原汁烩羊肉
Fricassea ai carciof

4人份
准备时长：20分钟
烹饪时长：1小时10分钟

2汤匙　橄榄油
半个　洋葱，切碎
半根　胡萝卜，切碎
半根　芹菜，切碎
1瓣　大蒜，切碎
800克　羊肩肉，切块
1汤匙　中筋面粉
半杯（120毫升）　白葡萄酒
4颗　洋蓟，去皮，四等分
2个　鸡蛋
1个　柠檬，榨汁
1枝　欧芹，切碎
盐和黑胡椒

　　珐琅锅中加入橄榄油，中火加热，放入切碎的洋葱、胡萝卜、芹菜和大蒜，翻炒5分钟后，加入羊肉，并撒上面粉，翻炒至金棕色。倒入白葡萄酒，大火煮沸后转小火，烩煮40分钟，用盐和黑胡椒调味。之后将羊肉捞出，放在一旁保温备用。

　　把洋蓟放入珐琅锅中，用锅中的肉汁煮20分钟后，将羊肉倒回去，再煮5分钟。

　　同时，将鸡蛋、柠檬汁、欧芹放入碗中打成蛋液。上桌前，将蛋液倒入锅中，快速搅拌，令酱汁变黏稠并包裹住羊肉即可。切记倒入蛋液后立刻关火，否则蛋液会凝结。

　　提示：如果你喜欢胡椒的味道，也可以在蛋液中加入更多的黑胡椒和一些切碎的马郁兰。

马雷玛风味烩羊肉
Agnello alla maremmana

4人份
准备时长：15分钟
烹饪时长：45分钟

2汤匙　橄榄油
1个　洋葱，切碎
1瓣　大蒜，切碎
800克　羊肉，切块
3个　成熟的番茄，切碎
2个　甜椒，去籽，切细条
6~8片　鼠尾草叶，一半切碎
半杯（120毫升）　干白葡萄酒
1汤匙　中筋面粉
盐和黑胡椒

成品照片请见对页

　　平底锅中倒油，中火加热，加入洋葱和大蒜，稍微翻炒就可以加入羊肉，翻炒约10分钟至羊肉表面金黄。加入切碎的番茄、甜椒和鼠尾草叶（留一部分作为装饰），用盐和黑胡椒调味，翻炒均匀后倒入白葡萄酒，大火煮开令酒精完全蒸发，撒上面粉，再次搅拌均匀，加入2汤勺开水稀释汤汁，而后转中火，加盖锅盖烩煮30分钟，最后用鼠尾草叶装饰，即可上桌。

罗马风味香草炖羊肉
Abbacchio alla romana

4人份
准备时长：30分钟
烹饪时长：50分钟

1千克　羊腿肉
适量中筋面粉，用于裹粉
3汤匙　橄榄油
3枝　迷迭香
4片　鼠尾草叶，切碎
1瓣　大蒜，压扁
¾杯（175毫升）　白葡萄酒
5汤匙　白葡萄酒醋
4个　马铃薯，切片
盐和黑胡椒

成品照片请见对页

将羊腿切成小块，烤箱预热至180℃/挡位4。

在羊肉表面撒上面粉，并抖去多余的面粉。深烤盘放在灶台上，加入橄榄油，大火加热，放入羊肉，煎大约10分钟，或直至羊肉表面金黄。用盐和黑胡椒调味，然后加入迷迭香、切碎的鼠尾草和压扁的大蒜。其间不时翻动羊肉，令其充分吸收香料的香味。

在深烤盘中加入白葡萄酒和白葡萄酒醋，煮至其几乎完全蒸发，再倒入⅔杯（150毫升）开水，放入马铃薯，翻炒一下，加盖锅盖，即可将烤盘移入烤箱，烤制30分钟，或直至马铃薯变软。其间可适时加入一些热水和白葡萄酒醋，防止烧干。完成后装盘即可。

提示：可以根据个人喜好，用其他食材替代马铃薯。若喜欢凤尾鱼的风味，在羊肉快熟的时候，从烤盘中盛出2~3汤匙的肉汁到一口小汤锅里，加入3条去骨并切碎的凤尾鱼，小火加热，并用木勺将其捣碎，待其几乎完全溶解，搅拌均匀，倒在羊肉上，再烤制几分钟即可食用。

菊苣烩羊肉
Agnello e cicoria

4人份
准备时长：10分钟
烹饪时长：1小时15分钟

1千克　菊苣或苦苣（最好是野生的）
将近半杯（100毫升）　橄榄油
4瓣　大蒜，压扁
1千克　羊肉，切块
将近半杯（100毫升）　干白葡萄酒
4个　鸡蛋
100克　佩科里诺干酪，磨碎
盐和黑胡椒

烧一大锅开水，加盐，放入菊苣，煮15分钟左右，或直至变软。沥干、切碎，放在一旁备用。

珐琅锅里倒入橄榄油，中火加热，放入压扁的大蒜，翻炒至金黄后加入羊肉，调至大火，直至羊肉表面呈金黄色，随即倒入干白葡萄酒，煮沸后调小火，用盐和黑胡椒调味，煨煮45分钟，或直至羊肉完全熟透，然后加入煮好的菊苣，再煮几分钟。

在烹饪结束前5分钟，把鸡蛋和佩科里诺干酪放在一个小碗里，打成蛋液，倒入锅中，快速搅拌令汤汁变黏稠，待汤汁呈奶油状并能够包裹住羊肉，即可装盘上桌。

野茴香烩羊肉
Agnello al finocchietto

6人份
准备时长：30分钟
烹饪时长：1小时30分钟

1千克　羊肉，切中等块，洗净，拍干
适量中筋面粉
⅔杯（150毫升）　橄榄油
1个　洋葱，切碎
250克　去皮番茄，过筛或1汤匙　番茄膏，用少许温水稀释
1千克　野生茴香
盐和黑胡椒

羊肉用盐和黑胡椒调味后，撒上面粉，并抖去多余的面粉。煎锅中倒油，大火加热，放入羊肉煎至上色，如有需要可以分批进行。将火调至中火，加入洋葱，翻炒约5分钟至上色，加入过筛的番茄或者用温水稀释过的番茄膏，搅拌均匀后，继续用中火烩煮。

与此同时，珐琅锅中倒入2¼杯（500毫升）水，大火煮沸后，加入野茴香，煮10分钟后，捞出沥干，放在一旁备用。

将煮茴香的水倒入煎锅中，用盐和黑胡椒调味，烩煮50分钟，其间可适时加水。烹饪结束前10分钟加入煮熟的茴香，翻炒均匀后，即可出锅装盘。

牧羊人风味炖羊肉
Agnello del pastore

6人份
准备时长：30分钟，另加3~4小时
腌制
烹饪时长：1小时20分钟

1.5千克　羊肉（或1千克小牛肉），
切大块，洗净，拍干
2瓣　大蒜，切片
适量橄榄油
2汤匙　猪油
2个　洋葱，切丝
300克　佩科里诺干酪，切薄片
盐和黑胡椒

将切好的肉放入珐琅锅中，用盐和黑胡椒调味，把切好的蒜片撒在上面，并淋上适量橄榄油，抓匀后，放入冰箱腌制3~4小时。

烤箱预热至180℃/挡位4。把猪油放入烤盘，中火加热熔化，加入洋葱翻炒5分钟，或直至洋葱变软、呈半透明状，然后捞出备用。

将火调大，把肉放入烤盘里，煎大约5分钟至上色，倒入半杯（120毫升）水，煮沸后调小火，放入佩科里诺干酪，撒上洋葱，加盖锅盖，放入烤箱烤制1小时。从烤箱中取出即可食用。

羊奶奶酪滑蛋炒羊肉
Agnello cacio e uova

4~6人份
准备时长：20分钟
烹饪时长：25分钟

4汤匙　橄榄油
3瓣　大蒜
1.5千克　羊肉，切小块，洗净，拍干
⅔杯（150毫升）　干白葡萄酒
5个　鸡蛋，打成蛋液
⅔杯（80克）　佩科里诺干酪，磨碎
盐和黑胡椒

煎锅中倒入橄榄油，中火加热，放入大蒜，翻炒至呈金黄色后，放入羔羊肉，煎至上色。倒入干白葡萄酒，用盐和黑胡椒调味，煮沸后调小火，加盖锅盖，煮至汤汁几乎完全收干。

在烹饪结束前5分钟，将佩科里诺干酪放入蛋液中，搅拌均匀后倒入锅中，迅速搅拌，待汤汁浓稠且能够完全包裹住羊肉，即可出锅装盘。

提示：如果你觉得羊肉的膻味过于浓烈，可以将羊肉浸泡在一碗加了醋的水中，大约1小时后捞出沥干，再进行下一步。

风味选择

兔肉和鹿肉在意大利十分流行，在美国和英国也不难买到。如今，这些富含鲜味的食材种类大多为人工饲养，购买这些食材有助于保护野生动物的自然栖息地，且能够保证食材达到食品卫生标准。

兔、鹿等食材的肉质比大多数家畜瘦，非常适合慢炖或制成时令菜肴，例如口感醇厚的冬季炖菜。年幼的适合炙烤或者油炸，年龄偏大的则更适合炖煮或者烩煮。传统的烹饪方式倾向于在此类菜肴中加入水果，有的将水果与肉类食材一起烹饪，有的则将水果做成酱料，搭配食用。自从阿兹特克人第一次将巧克力和红肉搭配起来，这种绝妙的搭配就成为了烹饪鹿肉的经典选择。

人工养殖的雉鸡、鹧鸪和鹌鹑在一些精品超市和杂货店中有售，其肉质鲜嫩，脂肪含量低，风味比寻常的鸡肉更有层次。如果条件允许，雉鸡是不错的选择，它的价格稍贵，但风味上乘。选定了禽类食材的品种，接来下需要决定是否"悬挂熟成"。悬挂熟成在欧洲一向很受欢迎，但在美国就不那么流行了；这种技巧可以令禽肉带有熟成的风味并软化肉质。如果需要悬挂熟成，养殖的雉鸡、鹧鸪或鹌鹑应该在冰箱中悬挂一天左右。一只大型雉鸡足够4个人食用。为了避免水分过度流失，烹饪时可以用意式培根或美式培根将鸡胸包起来，或将鸭油填充到鸡皮和鸡肉之间。鹧鸪味道温和且肉质软嫩，人工饲养的鹧鸪不需要悬挂熟成。一只鹧鸪足够一人份。相比之下，鹌鹑的风味最不突出，其肉质细嫩，通常被整只烹饪，去骨或不去骨均可。这些肥美的小型禽类适合各种各样的烹饪手法，尤其适合腌制或填入馅料。

雉鸡、鹧鸪和鹌鹑很适合烤制，但肉质很容易发干，所以不要把它们丢在烤箱里就不管了。这些肉类也能做出美味的高汤，制作好的高汤可以冷冻起来，以备日后使用。

在意大利，绝大多数的鹿肉来自生活在阿尔卑斯山的麠鹿，现如今野外种群数量急剧减少，因此已经受到了保护。鹿肉坚韧的质地饱受争议，但如果来源和烹饪得当，它的风味绝对可以超越其他肉类。饲料会影响肉的风味，鹿肉因此带有一些微妙的杜松子或鼠尾草的风味，同时由于年龄和悬挂熟成的时间不同，其味道也有很大的不同。鹿的肉质精瘦，所以很容易口感干柴。和其他牲畜不同，鹿肉油脂的味道并不好，所以须提前切除。鹿肉非常适合炖煮或烩煮，小鹿的脊骨很适合烧烤，鹿腿和眼肉适合炙烤或煎炸。鹿肉在很多食谱中都可以

替代牛肉，并且很适合与各种时令水果和蔬菜搭配，特别是秋季的时令食材，例如蘑菇、芜菁和欧洲防风。

在意大利，除了托斯卡纳和拉齐奥的一些区域外，大多数"野猪"实际上都是人工饲养的。美国的情况则略有不同，野猪在39个州均有分布，且数量高达百万，它们会破坏农作物，甚至还会捕食小型牲畜。在美国，野猪的捕捉和屠宰都是人道化的，所以野猪肉也是一种可持续的肉类（在中国，可食用的野猪指"特种野山猪"，一种定向培育的杂交商品猪。编者注）。野猪肉的肉质精瘦，相比普通的猪肉颜色更深并且更为紧实，有一种坚果的香甜风味。野猪的切法和适合的烹饪技巧与猪肉相同（见第21—23页）。野猪的腰脊、肋骨和腿都适合烤制，肋骨尤其适合烧烤，烤野猪肩肉则足以担当一道家宴大菜。近年来，人们重燃对健康饮食和文火慢炖的兴趣，使得野猪肉变得越来越受欢迎。

兔子在过去几年也越来越受欢迎。养殖的兔肉颜色白嫩，肉质精瘦、鲜嫩，最好选择3~12个月大的兔子，其味道和鸡肉没有什么不同，只是更甜一点，风味也更浓郁。烤制是烹饪兔肉最常见的技巧，亦可以做成肉派，若想保证其湿润度，炖煮兔肉也是很好的选择。兔肉的做法多变、价格合理，而且很容易买到。美国的杰克兔类似欧洲的野兔，评价却不高。它不受欢迎的主要原因是被误认为是劣质食材。实际上，杰克兔肉的颜色比普通兔肉深，介于鸭肉和牛肉之间，味道鲜美，非常适合搭配香草和根茎类蔬菜制成美味的炖菜。

橄榄兔肉卷
Coniglio ripieno alle olive

6人份
准备时长：20分钟
烹饪时长：55分钟

1只　兔子，去骨，保留兔肝
¾杯（80克）　去核尼斯黑橄榄
40克　新鲜面包屑
半杯（120毫升）　白兰地
2枝　龙蒿，切碎，额外备一些摆盘用
4~5汤匙　特级初榨橄榄油
2瓣　大蒜
2枝　百里香
⅔杯（150毫升）　白葡萄酒
盐

配菜：
炒洋姜（见第262页）
蒸熟的新马铃薯和小胡瓜

成品照片请见对页

烤箱预热至160℃/挡位3。把兔子放在一张烘焙纸上。

将兔肝改刀成丁，将一半量的橄榄粗粗切碎，与面包屑、兔肝、白兰地和切碎的龙蒿一起放在一个小碗中，然后加入剩余的橄榄，用盐调味。

把上述混合物涂抹在兔子表面，然后借助烘焙纸把兔子卷起来，用厨房用绳绑牢，用一小撮盐揉搓兔子表面。

深烤盘中倒入橄榄油，中火加热，加入蒜瓣、百里香和兔肉，煎至上色后，倒入白葡萄酒，大火加热使酒精完全蒸发，然后将烤盘移入烤箱，烤制45分钟。

将烤好的兔肉切片，用龙蒿作装饰，浇上过滤后的肉汁，搭配炒洋姜、蒸熟的新马铃薯和小胡瓜食用即可。

提示：兔肉卷可以冷吃，浇上热酱汁，搭配简单的牛肉番茄沙拉食用即可。

烤兔脊骨配洋蓟
Sella di coniglio arrosto con carciofi

4人份
准备时长：30分钟
烹饪时长：55分钟

4颗　洋蓟
1个　柠檬，榨汁
2个　兔脊骨，切块
4~5汤匙　特级初榨橄榄油
2瓣　大蒜，压扁
50克　意式火腿，切丁
⅔杯（150毫升）　白葡萄酒
2枝　百里香，只取叶子
盐和黑胡椒

成品照片请见对页

烤箱预热至160℃/挡位3。首先剥去洋蓟外层花苞，切除茎部，横向将洋蓟对半切开后，露出花芯里的绒毛，用勺子将其挖出丢掉，立刻将洋蓟泡入挤有柠檬汁的冷水里，以避免其氧化。待洋蓟全部处理完，烧开一锅水，加盐，将洋蓟放入沸水中焯5分钟，然后捞出沥干。

兔脊骨用盐调味，烤盘中倒入橄榄油，大火加热，放入兔脊骨和压扁的大蒜，煎5~6分钟直至上色，然后放入切好的意式火腿丁，紧接着倒入白葡萄酒，继续加热使酒精完全蒸发，随即将烤盘移入烤箱，烤制20分钟，然后加入煮好的洋蓟，搅拌均匀，再烤制20分钟。

用黑胡椒调味，然后加入百里香，并挑出大蒜丢弃，即可上桌。

提示：可以用400克的洋姜代替洋蓟。洋姜去皮后，切成约5毫米厚的片，然后放入沸水中焯3~4分钟，捞出沥干，倒入烤盘入炉烤制。

烤兔子
Coniglio al forno

6人份
准备时长：10分钟
烹饪时长：1小时15分钟

5汤匙　橄榄油
1枝　迷迭香
2瓣　大蒜
1只　兔子，切块
盐和黑胡椒

烤箱预热至180℃/挡位4。珐琅锅中倒入橄榄油，中火加热，放入迷迭香和大蒜翻炒，然后放入兔子，煎至表面金黄，用盐和黑胡椒调味，即可将珐琅锅移入烤箱，烤制1小时，或直至兔肉完全熟透。其间需不时翻动。完成后出锅装盘即可。

◆

酿兔子
Coniglio ripieno

6人份
准备时长：1小时15分钟
烹饪时长：1小时50分钟

1片　厚切面包，切去面包皮
1只　兔子，带兔肝
⅔杯（100克）　腌火腿，炒熟切碎
200克　意大利香肠，剥皮弄碎
¼杯（50克）　黄油
2汤匙　橄榄油，额外备一些刷油用
1个　洋葱，切碎
1枝　平叶欧芹，切碎
1枝　百里香，切碎
1个　鸡蛋，打散
1瓣　大蒜，切碎
1根　胡萝卜，切碎
1½杯（350毫升）　干白葡萄酒
盐和黑胡椒

烤箱预热至200℃/挡位6。将面包片撕成小块，放入碗中，加入足够的水，浸泡10分钟后挤出多余的水，放在一旁备用。

在一个大碗中，将炒熟并切碎的腌火腿和意大利香肠碎混合在一起。

将兔肝切碎。在平底锅中倒入一半量的黄油和1汤匙橄榄油，小火加热使黄油熔化，放入兔肝和洋葱，翻炒5分钟。关火后，加入浸泡过的面包，搅拌均匀，将混合物倒入盛有火腿和香肠的碗中，再加入欧芹、百里香和蛋液，用盐和黑胡椒调味，制成馅料。

用汤匙将馅料填进兔子腹中，然后用肉针和厨房用绳缝合切口。把兔子放在烤盘上，周身涂刷橄榄油，再点涂剩余的黄油，然后撒上大蒜碎和胡萝卜碎。放入烤箱烤至金黄，大约需要20分钟。然后倒入干白葡萄酒，并用锡箔纸将烤盘包住，继续烤制1小时30分钟即可。

烩兔子
Coniglio in umido

6人份
准备时长：20分钟
烹饪时长：1小时30分钟

3汤匙　橄榄油
1只　兔子，切块
1瓣　大蒜，切碎
1枝　百里香，切碎
1枝　平叶欧芹，切碎
¾杯（175毫升）　干白葡萄酒
2个　番茄，去皮，去籽，切碎
盐和黑胡椒

在一口大平底锅里倒入橄榄油，中火加热，放入切块的兔子，翻炒15分钟至兔肉表面金黄。加入大蒜、百里香和欧芹，翻炒均匀后，用盐和黑胡椒调味，倒入干白葡萄酒，待酒精完全蒸发后，加入切碎的番茄，煮沸后调小火，加盖锅盖，煨煮1小时15分钟，其间要不时搅拌，完成后即可出锅。

猎人风味炖兔子
Coniglio alla cacciatora

6人份
准备时长：30分钟
烹饪时长：1小时40分钟

2汤匙　黄油
1个　洋葱，切碎
50克　意式火腿，切碎
1只　兔子，切块
¾杯（175毫升）　干白葡萄酒
1枝　百里香
4个　番茄，去皮，去籽，切碎
一小撮　中筋面粉（可选）
盐和黑胡椒
波伦塔（见第283页），配菜

平底锅中加入黄油，小火加热熔化后加入洋葱和意式火腿，翻炒约5分钟后，调中火，加入切块的兔子，翻炒至兔肉表面上色，用盐和黑胡椒调味后，加入干白葡萄酒和百里香，加盖锅盖，焖煮20分钟，紧接着加入切碎的番茄，煮沸后调小火，炖煮1小时。如果汤汁太稀，可以加入一小撮面粉增稠。

炖好后，挑出百里香丢弃，出锅装盘，搭配波伦塔食用即可。

伊斯基亚风味炖兔子

Coniglio all'ischitana

6人份

准备时长：20分钟，另加2小时腌制

烹饪时长：1小时

1只（1.5千克） 兔子，切块，内脏放在一旁备用

将近1杯（200毫升） 干白葡萄酒

将近半杯（100毫升） 橄榄油

4瓣 带皮大蒜

适量大片的罗勒叶

2汤匙 猪油

15个 圣玛扎诺番茄，切丁

盐和黑胡椒

任何你喜欢的香草 摆盘用

成品照片请见对页

将切块的兔子放入一个中等大小的碗中，倒入干白葡萄酒，放入冰箱腌制约2小时。

珐琅锅中倒入橄榄油，中火加热，放入带皮大蒜，煎炒至呈棕色。

将兔子从腌料中取出并拍干，保留腌料汁备用。兔子放入锅中煎5~6分钟至上色。然后倒入⅔杯（150毫升）腌料汁，令酒精蒸发。

用罗勒叶将兔子的内脏一块一块包起来，放入锅中，然后加入猪油和切丁的番茄，用盐和黑胡椒调味，中火炖煮40分钟，可适时加入一些热水，防止干锅。

完成后的炖菜出锅装盘，用你喜欢的香草装饰即可。

核桃烩兔子
Spezzatino alle noci

6人份
准备时长：45分钟，另加12小时腌制
烹饪时长：45分钟

1瓣　大蒜，切碎
1枝　百里香，切碎
1枝　迷迭香，切碎
3颗　杜松子，轻轻碾碎
将近1⅔杯（375毫升）　干白葡萄酒
1汤匙　白葡萄酒醋
1只　兔子，切块
2汤匙　黄油
将近1杯（100克）　核桃仁，对半切开
5汤匙　厚奶油
盐和黑胡椒

在一个大盘子里放入大蒜、百里香、迷迭香和杜松子，用盐和黑胡椒调味。然后倒入干白葡萄酒和白葡萄酒醋，最后放入切块的兔子，腌制12小时，其间不时翻面。将兔子捞出并拍干，腌料放在一旁备用。

锅中放入黄油，中火加热，放入兔肉，煎至表面金黄后，放入约一半量的腌料，调大火，炖煮30分钟，或直至锅中液体几乎完全蒸发。

同时，将半杯（50克）核桃与厚奶油混合，然后一并倒入锅中，搅拌均匀直至汤汁黏稠，随即将兔肉捞出装盘。再将剩余的核桃倒入汤汁中，搅拌均匀后浇在兔肉上即可。

◆

蜂蜜蔬菜烤兔子
Coniglio al miele con verdure

4人份
准备时长：25分钟
烹饪时长：1小时15分钟

6汤匙　黄油
1汤匙　蜂蜜
1只　兔子，切块
5汤匙　白葡萄酒醋
4根　胡萝卜，切片
4个　芜菁，切片
⅔杯（100克）　豌豆
¾杯（100克）　四季豆
1枝　龙蒿，切碎
盐和黑胡椒

烤箱预热至200℃/挡位6。珐琅锅中加入黄油和蜂蜜，中火加热使黄油熔化，加入兔肉，翻炒至表面金黄，用盐和黑胡椒调味后，即可捞出，放在一旁保温备用。

接着用白葡萄酒醋烧汁。将白葡萄酒醋倒入珐琅锅中，用木勺刮下锅底的结块，然后用小火煨煮，直至液体完全蒸发。

同时，烧开水一锅，加盐，放入蔬菜焯水5分钟后，捞出沥干，和兔肉一并放回珐琅锅中，然后加入切碎的龙蒿，加盖锅盖，将珐琅锅移入烤箱，烤制约45分钟，或直至兔肉完全熟透。

马铃薯烩兔肉
Coniglio e patatine

6人份
准备时长：15分钟
烹饪时长：35分钟

2汤匙　橄榄油
2汤匙　黄油
1千克　兔肉，切丁
100克　扁平意式培根，切碎
1个　洋葱，切碎
适量中筋面粉
⅔杯（150毫升）　干白葡萄酒
将近半杯（100毫升）　高汤
1枝　欧芹
1枝　百里香
500克（约4个）　马铃薯，去皮，切丁
盐和黑胡椒

高压锅中放入橄榄油和黄油，中火加热使黄油熔化，加入切碎的意式培根和洋葱，翻炒5分钟至上色，然后加入兔肉，翻炒至其表面金黄，撒入适量面粉后，倒入干白葡萄酒和一半量的高汤，待其完全蒸发后，加入剩余的高汤、欧芹和百里香，用盐和黑胡椒调味。高压锅加盖锅盖，当你听到气阀鸣叫时，把火调小，煮20分钟。

20分钟后，小心地打开高压锅，然后放入切好的马铃薯，再加盖锅盖，继续炖煮5分钟，随即关火，出锅装盘即可。

提示：如果家里没有高压锅，用珐琅锅也可以。珐琅锅中加入油和黄油，中火加热使黄油熔化后，放入兔肉，煎大约5分钟至表面上色后捞出，放在一旁备用。可以分批为兔肉上色，以避免锅中太挤。将意式培根和洋葱放入锅中，翻炒5分钟，上色后把兔肉全部倒回锅中，撒入适量中筋面粉，放入马铃薯、欧芹和百里香，并倒入2¼杯（500毫升）高汤，用盐和黑胡椒调味，加盖锅盖，煮沸后转小火，烩煮30分钟即可。

番茄罗勒烩兔肉
Spezzatino al pomodoro e basilico

6人份
准备时长：30分钟
烹饪时长：1小时30分钟

3汤匙　橄榄油
1只　兔子，切块
1千克　番茄，去皮，去籽，切丁
1个　洋葱，切丝
1瓣　大蒜，压扁
10片　罗勒叶，切碎
盐和黑胡椒

锅中加入橄榄油，中火加热，放入切块的兔子，翻炒至表面金黄后，捞出盛在盘子里，放在一旁保温备用。锅中放入洋葱和番茄，翻炒20分钟后，将兔子放回锅中，加入大蒜，用盐和黑胡椒调味，加盖锅盖，用小火煨煮1小时。装盘并撒上切碎的罗勒即可上桌。

迷迭香生煎兔肉
Coniglio arrosto al rosmarino

6人份
准备时长：25分钟
烹饪时长：1小时30分钟

4枝　迷迭香
1只　兔子
3汤匙　橄榄油
2汤匙　黄油
1瓣　大蒜
盐和黑胡椒
香脆烤马铃薯（见第280页），配菜

成品照片请见对页

将一枝迷迭香的叶子切碎，放在一旁备用。兔子表面刷橄榄油，将剩余的迷迭香、一半量的黄油和大蒜塞入兔子腹中，并加入一小撮盐。把兔子放入锅中，加入剩余的橄榄油和黄油，小火加热使黄油熔化，撒上切碎的迷迭香，根据个人口味用盐和黑胡椒调味，加盖锅盖，烹煮1小时30分钟，其间要经常翻面，适时加入几勺热水，防止干锅。

将兔子从锅中取出，切块后装盘，搭配香脆烤马铃薯食用即可。

葱烩熏肉兔
Bocconcini di coniglio allo speck con porri

4人份
准备时长：30分钟
烹饪时长：25分钟

4颗　杜松子
3枝　百里香，只取叶子
1只　兔子，去骨后切核桃大小的块
100克　熏肉，切片
4~5汤匙　特级初榨橄榄油
1根　韭葱，斜切厚片
⅓杯（75毫升）　白葡萄酒
将近半杯（100毫升）　蔬菜高汤
盐
块根芹菜泥（见第263页），配菜

成品照片请见对页

　　用杵臼将杜松子捣碎，然后加入百里香叶和一小撮盐，混合捣碎。将捣碎的香料撒在去骨并切块的兔子上，并用熏肉将每一块兔子肉包裹起来。

　　平底锅中加入橄榄油，大火加热，放入兔肉，煎4~5分钟至表面金黄后，加入韭葱，用盐调味，随即倒入白葡萄酒和蔬菜高汤，加盖锅盖，煮沸后转小火，煨煮20分钟，出锅装盘，搭配块根芹菜泥食用即可。

酸甜兔丁
Bocconcini di coniglio in agrodolce

6人份
准备时长：40分钟，另加2小时盐腌
和6小时腌制
烹饪时长：45~55分钟

100克　小胡萝卜，切圈片
3根　小葱，切小段
2个　黄甜椒和红甜椒，去籽，切碎
200克　芦笋，切碎
2⅔杯（300克）　新鲜豌豆，去壳
3汤匙　橄榄油
1.2千克　兔子，去骨，切丁
半杯（120毫升）　葡萄酒醋
适量粗盐
盐和黑胡椒

腌料：
⅔杯（150毫升）　干白葡萄酒
4汤匙　橄榄油
1枝　迷迭香
1茶匙　砂糖
几粒　黑胡椒
半杯（120毫升）　意大利香醋

成品照片请见对页

将所有蔬菜放入碗中，撒上粗盐，腌制2小时。

煎锅中加入橄榄油，大火加热，放入兔丁，煎5~6分钟至表面金黄，用盐和黑胡椒调味，转中火，煎炒30分钟，期间不时洒一些热水。

烧一锅开水，加入葡萄酒醋，然后加入蔬菜，焯水3分钟后捞出沥干，和炒好的兔丁一起放在一个大碗里，放在一旁保温备用。

接下来准备腌料。把除意大利香醋外的所有腌料食材倒入汤锅中，加入2½杯（600毫升）水，大火煮沸，收汁至汤汁减半。加入意大利香醋，然后倒入蔬菜和兔丁，腌制约6小时即可食用。

提示：将蔬菜用盐腌制，也是"烹饪"的一种方法，所以在随后的焯水过程中，蔬菜所需的烹饪时间缩短了。

杜松子烤兔子
Lepre con il ginepro

6~8人份
准备时长：45分钟，另加12小时腌制
烹饪时长：1小时15分钟~1小时30分钟

2¼杯（500毫升） 干白葡萄酒
10颗 杜松子
1片 月桂叶，撕碎
1个 红葱头，切碎
1瓣 大蒜
1个 洋葱，切丝
4粒 黑胡椒
1只 野兔，切大块
适量橄榄油
100克 意式培根，切片
3汤匙 白兰地
2汤匙 黄油
盐

将干白葡萄酒、杜松子、月桂叶、红葱头、大蒜、洋葱、黑胡椒粒和一小撮盐放在一个大碗中，加入兔子块，覆盖保鲜膜，放入冰箱腌制至少12小时。

烤箱预热至180℃/挡位4。在深烤盘中刷橄榄油。将兔子从腌料中取出，沥干并用厨房纸拍干，腌料放在一旁备用。用意式培根将兔子包裹起来，然后放在准备好的烤盘中，烤制40~50分钟，或直至兔肉达到三分熟。如果你喜欢全熟的兔肉，再烤制15分钟即可。过滤腌料，倒入汤锅中，大火烧开，收汁至汤汁减半即可。

将烤盘从烤箱中取出，把兔子上的意式培根拨开。将白兰地倒入一口小汤锅中，小火加热后，浇在兔子上并点燃。待火焰完全熄灭后装盘。

将煮好的腌料汁再次过滤，倒入烤盘中与肉汁混合，大火加热，用木勺将烤盘底部的结块刮下来，然后关火，放入黄油搅拌均匀，盛入酱料碗即可。

将酱汁与兔子一同上桌。

烩兔子佐巧克力酱汁
Lepre dolce forte

6~8人份
准备时长：30分钟
烹饪时长：2小时25分钟

2汤匙　橄榄油
2汤匙　黄油
40克　意式培根，切丁
1只　野兔，切块
2汤匙　中筋面粉
¾杯（175毫升）　红酒
¾杯（175毫升）　高汤
1片　月桂叶
⅓杯（50克）　黄金葡萄干或黄色苏
丹娜葡萄干
¼杯（25克）　松子仁
2汤匙　半甜黑巧克力，磨碎
1茶匙　白葡萄酒醋
2茶匙　砂糖
盐和黑胡椒

　　平底锅中加入橄榄油和黄油，中火加热使黄油熔化后，加入意式培根和切块的野兔肉，翻炒至上色。用盐和黑胡椒调味，撒上一半的面粉，搅拌均匀，继续翻炒约10分钟。倒入红酒和高汤，加入月桂叶，煮沸后转小火，煨煮1小时30分钟。

　　同时，将黄金葡萄干放入碗中，倒入温水，浸泡15分钟后，捞出并挤去多余的水，和松子仁一起放入锅中，继续煨煮30分钟。

　　将巧克力、白葡萄酒醋、砂糖、剩余的面粉和一小撮盐放入碗中，加入3~4汤匙水，搅拌均匀后倒入锅中，转大火煮沸。尝一尝味道，如有必要可再加些盐。

　　将煮好的兔子盛出装盘，浇上巧克力酱汁食用。

猎人风味烩兔子

Lepre alla cacciatora

6人份

准备时长：30分钟，另加12小时腌制

烹饪时长：2小时50分钟

1只　野兔，切块

适量白葡萄酒醋

2枝　百里香

2枝　马郁兰

4片　鼠尾草叶子

2片　月桂叶

1瓶（750毫升）　浓郁的红葡萄酒

4汤匙　橄榄油

1瓣　大蒜

2汤匙　番茄膏

盐和黑胡椒

你喜欢的香草　摆盘用

成品照片请见对页

用大量白葡萄酒醋将兔子清洗干净，然后将其与1枝百里香、1枝马郁兰、2片鼠尾草叶子和1片月桂叶一起放入碗中，倒入葡萄酒，用保鲜膜覆盖，放入冰箱中腌制至少12小时。腌制过程中需不时翻动。

将兔子从腌料中捞出并用厨房纸拍干，腌料放在一旁备用。将兔子放入锅中，大火翻炒约10分钟，用盐和黑胡椒调味。加入橄榄油、大蒜和剩余的香草，翻炒至兔肉表面上色。腌料过滤后倒入锅中，大火煮开后加盖锅盖，转小火煨煮2小时。如果兔肉在煨煮的过程中变得过干，适时加入一些温水以避免干锅。

将番茄膏和2汤匙水混合后倒入锅中，搅拌均匀，加盖锅盖，再煨煮30分钟。出锅装盘，用你喜欢的香草装饰即可。

特伦托风味烩兔子
Lepre alla moda di trento

6人份

准备时长：30分钟，另加24小时腌制

烹饪时长：2小时10分钟

1.5千克　野兔

适量中筋面粉

适量面包屑

将近¼杯（50克）　猪油，切碎

1个　小洋葱，切碎

2汤匙　橄榄油

适量高汤

盐和黑胡椒

波伦塔（见第283页），配菜

兔肉腌料：

1枝　迷迭香

2片　鼠尾草叶子

2片　月桂叶

4颗　杜松子

1个　小洋葱，切丝

半个　柠檬，果皮碎屑

2汤匙　红酒醋

4¼杯（1升）　红葡萄酒

内脏腌料：

4¼杯（1升）　红葡萄酒

⅓杯（50克）　葡萄干

将近半杯（50克）　松子

半个　柠檬，果皮碎屑

一小撮　肉桂粉

2粒　丁香

1茶匙　砂糖

将野兔净膛并清洗干净，肝、肺和心放在一旁备用。将兔子切块，彻底冲洗并用厨房纸拍干。把兔子放入碗中，加入兔肉腌料，用盐和黑胡椒调味，碗上覆盖保鲜膜，在冰箱里腌制24小时。腌制期间不时翻动一下。

所有内脏清洗干净，粗切成块，放入另一个碗中，加入内脏腌料，碗上覆盖保鲜膜，放入冰箱里腌制24小时。

开始烹饪前，将兔肉从腌料中捞出，用厨房纸拍干。将面粉和面包屑分别放入2个大盘子里，先将兔肉在面粉盘中滚一下，然后再放在面包屑盘中滚一下，直至所有兔肉都裹上面粉和面包屑。

珐琅锅中加油，中火加热，放入切碎的猪油和洋葱，翻炒几分钟，加入兔肉，煎至表面上色后，加入所有内脏和内脏腌料，并倒入一些高汤，用盐和黑胡椒调味，大火煮沸后转小火，加盖锅盖，煨煮2小时。若锅中的汤汁开始减少，可以适时在肉上浇一些热水。待兔肉和内脏完全煮熟后，酱汁应该足够黏稠，即刻装盘，搭配波伦塔食用即可。

提示：野兔的风味浓郁，但由于它的肉水分含量很低，非常容易变得干且柴。为了避免发生这种情况，应用中小火烹饪，延长烹饪时间，并不时将汤汁淋在兔肉上。低温慢煮也将使大部分的营养得以保留，小火意味着不会有大量的水蒸发，烹饪时从兔肉中析出的肉汁会留在汤汁或酱汁里。

烤鹿腿
Capriolo arrosto

6人份
准备时长：35分钟，另加腌制过夜
烹饪时长：40~50分钟

1条　鹿腿
100克　意式培根，切条
1杯（250毫升）　橄榄油，额外备一
些用于涂刷烤盘
2¼杯（500毫升）　干白葡萄酒
1枝　百里香，切碎
1枝　香薄荷，切碎
1枝　牛至，切碎
盐和黑胡椒

在鹿腿上切一些小口子，然后把意式培根塞进去。把橄榄油、干白葡萄酒和切碎的3种香草倒在一个容器里，用盐和黑胡椒调味，然后把鹿腿放进去，把容器用锡箔纸覆盖好，放在冰箱里腌制一夜。

烤箱预热至220℃/挡位7。把橄榄油刷在烤盘上，将鹿腿从腌料中取出，沥干后放在烤盘上，烤制10分钟，然后将保留的腌料倒入烤盘中，并将烤箱的温度调至180℃/挡位4，继续烤制约30分钟，鹿腿便会达到一分熟的程度，如喜欢全熟的鹿肉，可以再烤10分钟。注意不要烤制太久，否则鹿肉会变得很硬，烤制过程中要不时将肉汁淋在鹿腿上。

将烤好的鹿腿从烤盘中取出，切片后装盘，搭配肉汁食用即可。

烩煮鹿肉
Capriolo in salmi

8人份
准备时长：45分钟，另加12小时腌制
烹饪时长：2小时30分钟

1瓶（750毫升）　红葡萄酒
两小撮　现磨肉豆蔻粉
两小撮　肉桂粉
4粒　丁香
1根　芹菜，切碎
2根　胡萝卜，切片
1个　洋葱，切碎
1瓣　大蒜，切碎
4片　鼠尾草叶子
2片　月桂叶
2千克　鹿肉，切块
3汤匙　橄榄油
4汤匙　黄油
1片　意式培根，切丁
盐和黑胡椒
你喜欢的香草　摆盘用

成品照片请见对页

将红葡萄酒、一半量的香料、芹菜、胡萝卜、洋葱、大蒜、鼠尾草和月桂叶放在一个大碗中，用盐和黑胡椒调味，然后放入鹿肉块。放入冰箱腌制12小时，其间不时翻动一下。

腌制好的鹿肉从腌料中捞出后用厨房纸拍干。过滤腌料，腌料中的汁水和固体食材分开放置备用，可以丢掉其中的丁香和月桂叶。

在平底锅中加入橄榄油和黄油，中火加热使黄油熔化，放入意式培根，翻炒至培根香脆，然后放入鹿肉，煎至表面金黄后，加入剩余的香料，并用盐调味，翻炒均匀，倒入腌料中的固体食材，翻炒约10分钟，倒入腌料汁，煮沸后转小火，加盖锅盖，煨煮2小时。

完成后，将鹿肉捞出装盘，并用你喜欢的香草装饰，用食物处理机将汤汁打成酱汁，盛入酱料碗，和鹿肉一起上桌即可。

烤鹿脊骨佐蔓越莓酱汁

Sella di capriolo arrosto ai mirtilli rossi

6~8人份
准备时长：25分钟
烹饪时长：2小时15分钟

1条　鹿脊骨
4汤匙　橄榄油
4汤匙　黄油
2个　胡萝卜，切碎
1个　洋葱，切碎
1根　芹菜，切碎
1瓣　大蒜
将近1杯（200毫升）　热高汤
将近半杯（100毫升）　红葡萄酒
3汤匙　砂糖
4杯（400克）　蔓越莓，若使用冷冻
蔓越莓须提前解冻
2汤匙　厚奶油
盐和黑胡椒

成品照片请见对页

烤箱预热至180℃/挡位4。鹿脊骨上撒盐和黑胡椒稍加揉搓。煎锅中倒入橄榄油和一半量的黄油，中火加热使黄油熔化，放入鹿肉，煎至表面金黄后，将鹿肉放入烤盘，周围放上切好的蔬菜和大蒜，放入烤箱烤制1小时30分钟，其间不时将肉汁和高汤淋在鹿肉上。

烤好的鹿肉切片后装盘，放在一旁保温备用。

把肉汁里的大蒜挑出丢弃，倒入红葡萄酒，大火煮沸收汁，直至汤汁减少。将剩余的黄油切小块，放入烤盘中搅拌，令酱汁达到完美的黏稠度，然后浇在鹿肉上。

在一个小碗里用¾杯（175毫升）水融化砂糖，倒入一口小锅中，开大火煮沸，保持沸腾几分钟后加入蔓越莓，调小火，焖煮5分钟。然后倒入奶油，边煮边搅拌，直至酱汁浓稠。

鹿脊骨与温热的蔓越莓酱汁一同上桌。

意式酸甜鹿肉
Cervo in agrodolce all'italiana

准备时长：30分钟，另加24小时腌制
烹饪时长：2小时20分钟

1.5千克　鹿肉，切块
3汤匙　橄榄油
100克　意式培根，切条
1个　洋葱，切丝
2½汤匙　中筋面粉
2汤匙　葡萄干
2方　黑巧克力
3汤匙　松子，稍微烘烤
盐和黑胡椒
波伦塔（见第283页）或香浓马铃薯
泥（见第278页），配菜

腌料：
1瓶（750毫升）　红葡萄酒
4汤匙　红酒醋
4汤匙　橄榄油
3瓣　大蒜
2片　月桂叶
10颗　杜松子
1根　胡萝卜，斜切片
1个　洋葱，切丝
1根　芹菜，斜切片
1枝　迷迭香
1枝　百里香，只取叶子
2～4片　鼠尾草叶子
黑胡椒粒

将腌料所需的全部食材放在一个大碗中混合，放入鹿肉，碗上覆盖保鲜膜，放入冰箱腌制24小时。

烤箱预热至150℃/挡位3。将鹿肉从腌料中捞出，腌料汁过滤后放在一旁备用。

在可入烤箱的锅中放入2汤匙橄榄油，中火加热，放入意式培根，翻炒约1分钟至其脂肪部分开始变透明，捞出放在一旁备用。然后放入鹿肉，煎约10分钟至其表面金黄后捞出，放在一旁保温备用。

继续用这口锅翻炒洋葱，用盐调味，撒入面粉后继续翻炒，待洋葱上色后，加入葡萄干和腌料汁，加热搅拌至汤汁浓稠，将鹿肉和意式培根放回锅中，用盐和黑胡椒调味，大火煮沸后转小火，加盖锅盖，放入烤箱烤制1小时30分钟，其间适时可洒一些热水避免干锅。

完成后将锅从烤箱中取出，放入巧克力，小火加热使其熔化，煨煮至酱汁浓稠且色泽光亮。

装盘后，撒上少许烤松子，搭配波伦塔或香浓马铃薯泥食用。

烤野猪肉佐蔓越莓酱汁
Cinghiale arrosto con composta di mirtilli rossi

4人份
准备时长：20分钟
烹饪时长：1小时55分钟

3汤匙　白葡萄酒醋
4颗　杜松子
1个　洋葱，切丝
1根　胡萝卜，切丁
700克　野猪肉，切大块
1杯（50克）　新鲜杂粮面包屑
3汤匙　黄油
1汤匙　砂糖
1个　橙子，榨汁，果皮磨碎屑
半杯（120克）　蔓越莓酱
将近半杯（100毫升）　红葡萄酒
盐和黑胡椒
香浓马铃薯泥（见第278页），配菜

珐琅锅中倒入2¼杯（500毫升）水和醋，加一小撮盐，再加入杜松子、洋葱、胡萝卜、野猪肉块，大火烧开后，转小火，加盖锅盖，煨煮1小时30分钟。

烤箱预热至200℃/挡位6，在烤盘里铺上烘焙纸。将野猪肉从珐琅锅中取出，放在准备好的烤盘上。

将杂粮面包屑、砂糖、黄油和橙皮碎屑放入食物处理机中打碎，然后撒在野猪肉上，接着将烤盘移入烤箱，烤制20分钟。

用橙汁和葡萄酒稀释蔓越莓酱，并加入少许现磨黑胡椒。取出烤好的肉，用锡箔纸包好，放在一旁备用。

把蔓越莓酱倒入烤盘，用小火煨煮5分钟。把备用的野猪肉放回烤盘，与蔓越莓酱汁和香浓马铃薯泥一起上桌。

提示：野猪肩肉同样非常适合这个菜谱。整块的野猪肩肉需在锅中煨煮2小时，然后在烤箱中烤制40分钟。

酸甜野猪肉
Cinghiale in agrodolce

6人份
准备时长：20分钟，另加12小时腌制
烹饪时长：1小时50分钟

1.2千克　野猪肉，切小块
5汤匙　橄榄油
1个　洋葱，切碎
50克　意式培根，切丁
3汤匙　罐头番茄泥
适量高汤
盐和黑胡椒

腌料：
⅔杯（150毫升）　红葡萄酒
半杯（120毫升）　红葡萄酒醋
半个　洋葱，切丝
半根　胡萝卜，切片
1根　芹菜，切丁
1枝　迷迭香
适量鼠尾草叶（可选）
适量欧芹（可选）

成品照片请见对页

将腌料所需的全部食材放在一个大碗中混合，放入野猪肉块，碗上覆盖保鲜膜，放入冰箱腌制12小时，腌制期间不时翻动一下。

大锅中加入橄榄油，中火加热，放入切碎的洋葱和意式培根丁，翻炒5分钟。把野猪肉从腌料中捞出，用厨房纸拍干，然后放入锅中，煎至上色，倒入适量高汤，调小火，加盖锅盖，煨煮1小时40分钟，其间适时将高汤淋在野猪肉上。完成后，用盐和黑胡椒调味，并加入罐头番茄泥，搅拌均匀，调大火煮沸后关火，即可出锅。

红酒炖野猪肉
Bocconcini di cinghiale arrosto al vino rosso

4人份
准备时长：15分钟，另加24小时腌制
烹饪时长：3小时15分钟

800克　野猪肉，切块
2¼杯（500毫升）　红葡萄酒
4颗　杜松子
3汤匙　黄油
80克　意式培根
2根　韭葱，切片
1根　胡萝卜，切厚片
盐
鼠尾草小扁豆泥（见第283页），配菜

将野猪肉、杜松子和葡萄酒放在一个大碗中，碗上覆盖保鲜膜，在冰箱里腌制24小时。

烤箱预热至180℃/挡位4。将野猪肉从腌料中取出，过滤腌料汁，放在一旁备用。

珐琅锅中放入黄油，大火加热使其熔化，放入切碎的意式培根和野猪肉，翻炒约10分钟至表面上色。将切好的蔬菜加入锅中，并倒入过滤后的腌料汁，大火煮沸后，转小火，煨煮3小时，或直至猪肉软烂。完成后即可出锅，搭配鼠尾草小扁豆泥食用即可。

桃金娘烤野猪肉串
Spiedini di filetto di cinghiale al mirto

4人份
准备时长：30分钟，另加4小时腌制
烹饪时长：1小时10分钟

600克　野猪里脊肉，切块
4~5枝　桃金娘
半杯（120毫升）　桃金娘利口酒
1根（3厘米）　肉桂
4粒　丁香
2汤匙　苹果醋
3汤匙　黄油
6个　珍珠洋葱，四等分
1根　芹菜，切碎
1根　胡萝卜，切碎
若干木扦
盐
熟栗子，配菜（可选）

　　将桃金娘、桃金娘利口酒、肉桂、丁香和苹果醋放在一个大碗中混合，放入野猪肉，碗上覆盖保鲜膜，放入冰箱中腌制4小时。

　　把几根木扦放在冷水中浸泡15分钟，烤箱预热至180℃/挡位4。

　　将野猪肉从腌料中捞出，过滤腌料汁，放在一旁备用。用木扦将野猪肉串起来，撒盐调味。烤盘中放入黄油，中火加热使其熔化，放入肉串，煎至表皮上色，加入珍珠洋葱、芹菜和胡萝卜，然后倒入过滤后的腌料汁和一汤勺温水，放入烤箱烤制1小时。

　　提示：确保将野猪肉切成大小相同的肉块，这样才能保证所有的肉受热均匀。这道菜可以搭配熟栗子食用。

◆

炖煮野猪肉配焦糖苹果
Cinghiale alle mele

4人份
准备时长：20分钟
烹饪时长：1小时15分钟

4汤匙　黄油
1千克　瘦野猪肉，切丁
1个　洋葱，切碎
1个　胡萝卜，切碎
1汤匙　中筋面粉
将近1⅓杯（375毫升）　红葡萄酒
1瓣　大蒜
1片　月桂叶
4汤匙　白兰地
3个　苹果，去皮，去核，切片
盐和黑胡椒
你喜欢的香草　摆盘用

成品照片请见对页

　　烤箱预热至200℃/挡位6。珐琅锅中加入一半量的黄油，中火加热使其熔化，放入野猪肉丁，炒制约10分钟至表面上色。加入洋葱和胡萝卜翻炒均匀，然后撒入面粉，继续翻炒2~3分钟，之后倒入红葡萄酒，加入大蒜和月桂叶，并用盐和黑胡椒调味，大火煮沸后，即可将珐琅锅移入烤箱，烤制1小时，然后加入白兰地，搅拌均匀。

　　与此同时，另取一口锅，放入剩下的黄油，中火加热使其熔化，放入苹果片，翻炒至表面金黄，大约需要10分钟。

　　将珐琅锅从烤箱中取出，挑出大蒜和月桂叶丢弃，装盘后用你喜欢的香草装饰，搭配焦糖苹果食用即可。

酿鹧鸪
Pernice farcita

4人份
准备时长：35分钟，另加10分钟浸泡
烹饪时长：30分钟

3汤匙　黄油，额外备一些用于涂刷容器
1片　厚切面包，去皮
5汤匙　牛奶
500克　蘑菇
2只　鹧鸪，拔毛，去头和内脏，保留肝、心备用
100克　烟熏意式培根，切丁
盐和黑胡椒

成品照片请见对页

烤箱预热至180℃/挡位4。在一个耐热的容器内壁刷厚厚一层黄油。将面包撕成小块，放入碗中，加入牛奶，浸泡10分钟后捞出，挤去多余的水。

将一半蘑菇的柄取下，和鹧鸪的心和肝一起剁碎，放入碗中，加入浸泡过的面包，用盐和黑胡椒调味，搅拌均匀，然后平均分成2份，分别填入2只鹧鸪的肚子里，然后用肉针将鹧鸪缝好。

将剩下的蘑菇切碎。把鹧鸪放在刷过油的容器里，周围铺上切碎的蘑菇和烟熏意式培根，将剩余的黄油切成小块撒在蘑菇上。加盖锅盖，烤制20分钟，然后取下锅盖，将蘑菇和培根与汤汁搅拌一下，继续烤制10分钟，或直至鹧鸪烤熟，直接将容器端上桌即可。

锅烤酿雉鸡
Fagiano arrosto ripieno

4人份
准备时长：40分钟
烹饪时长：45分钟

1只　雉鸡，拔毛，去头和内脏，留肝备用
50克　切碎的烟熏猪油或厚切培根
1枝　平叶欧芹，切碎
1个　小黑松露，切碎（可选）
50克　意式培根，切片
2汤匙　黄油
2汤匙　厚奶油
盐和黑胡椒

将雉鸡肝剁碎，与切碎的烟熏猪油或厚切培根、欧芹和松露（可选）在一个碗中混合，用盐和黑胡椒调味，然后将馅料填入雉鸡的肚子里，并用肉针将雉鸡缝合，将意式培根片盖在雉鸡胸上，并用厨房用绳绑牢，再用盐和黑胡椒调味。

大锅中放入黄油，中火加热使其熔化，放入雉鸡，煎20分钟左右，然后取下意式培根，并将雉鸡煎至上色，大约需要10分钟。紧接着倒入厚奶油，煨煮15分钟，将意式培根重新放回锅中，即可上桌。

提示：如果有条件，尽可能选择母鸡而非公鸡，因为母鸡的肉更嫩。

橄榄烤雉鸡
Fagiano alle olive

4人份
准备时长：15分钟
烹饪时长：1小时40分钟

1只　雉鸡，拔毛，去头和内脏
1枝　迷迭香
6汤匙　黄油
6片　意式培根
5汤匙　干马沙拉酒
2杯（200克）　去核黑橄榄
盐和黑胡椒

成品照片请见对页

烤箱预热至180℃/挡位4。在雉鸡腹中撒盐和黑胡椒，然后塞入迷迭香和2汤匙黄油，并用意式培根将雉鸡包裹起来，最后用厨房用绳绑牢。将处理好的雉鸡放进珐琅锅中，加入剩余的黄油，放入烤箱烤制1小时，烤制期间不时将干马沙拉酒和汤汁淋在雉鸡表面。

将珐琅锅从烤箱中取出，撒上橄榄，再用小火烹煮40分钟，即可食用。

火腿卷雉鸡配牛肝菌
Fagiano al prosciutto crudo e porcini

4人份
准备时长：25分钟
烹饪时长：50分钟

1只　雉鸡，拔毛，去头和内脏
3枝　百里香，切碎
80克　意大利火腿，最好是托斯卡纳熏火腿薄片
3汤匙　黄油
1片　月桂叶
2瓣　大蒜，压扁
半杯（120毫升）　白葡萄酒
500克　牛肝菌，洗净切片
盐和黑胡椒
卷心菜马铃薯泥（见第277页），配菜

烤箱预热至200℃/挡位6。在雉鸡表面和腹中涂抹盐和黑胡椒以调味，将切碎的百里香抹在鸡胸上，再将托斯卡纳熏火腿薄片一片搭一片地叠放，将雉鸡包裹起来，并用厨房用绳绑牢。雉鸡放入烤盘，加入黄油、月桂叶和大蒜，放入烤箱烤制10分钟。取出烤盘，倒入白葡萄酒，并将烤箱的温度调至180℃/挡位4，继续烤制20分钟，其间需适时将汤汁淋在雉鸡表面。20分钟后，将牛肝菌加入烤盘，用盐和黑胡椒调味，搅拌均匀，再烤制20分钟，或直至雉鸡肉完全熟透。

将烤盘从烤箱中取出，去掉厨房用绳，将大蒜挑出丢弃。雉鸡切成小块后装盘，和牛肝菌一起上桌并浇上少许肉汁，搭配卷心菜马铃薯泥食用。

栗子烤雉鸡
Fagiano arrosto con castagne

4人份
准备时长：20分钟
烹饪时长：1小时

1只　雉鸡，拔毛，去头和内脏
3汤匙　黄油
2片　培根，切碎
4颗　杜松子，碾碎
3瓣　大蒜，压扁
半杯（120毫升）　白兰地
200克　熟栗子
1片　月桂叶，切条
盐和黑胡椒
抱子甘蓝菜泥（见第274页），配菜

成品照片请见对页

烤箱预热至200℃/挡位6。在雉鸡表面和腹中涂抹盐和黑胡椒以调味。

珐琅锅中放入黄油，中火加热使其熔化，放入雉鸡、培根、碾碎的杜松子和大蒜，将雉鸡煎至表面金黄，大约需要15分钟。

将珐琅锅移入烤箱，烤制15分钟，然后倒入白兰地，并将烤箱的温度调至180℃/挡位4，再烤制15分钟。加入熟栗子、一小撮盐和月桂叶，再烤制15分钟，或直至雉鸡肉完全熟透。

将大蒜挑出丢弃，雉鸡切块后装盘，辅以熟栗子，浇上肉汁，搭配抱子甘蓝菜泥食用。

串烤鹌鹑
Spiedo di quaglie

4人份
准备时长：15分钟
烹饪时长：25分钟

2汤匙　黄油，软化
2茶匙　切碎的迷迭香
1个　小洋葱，切碎
8只　鹌鹑
16片　意式培根
8片　乡村面包
适量橄榄油
盐和黑胡椒
意大利烩饭，配菜

烤箱预热至180℃/挡位4。将软化的黄油、迷迭香和洋葱放入碗里，混合均匀，用盐和黑胡椒调味，制成香草黄油。将香草黄油平均分成8份，分别填入每只鹌鹑腹中，再用2片意式培根包好，最后用厨房用绳绑牢。

将鹌鹑串在烤肉叉上，每2只鹌鹑中间用1片面包间隔。鹌鹑表面刷橄榄油，将烤肉叉架在在烤盘上，烤制25分钟，其间不时将肉汁淋在鹌鹑表面。烤好后搭配意大利烩饭食用。

意式火腿卷鹌鹑配小胡瓜
Quaglie al prosciutto crudo e zucchine

4人份
准备时长：30分钟
烹饪时长：55分钟

4只　鹌鹑
4片　意式火腿
3汤匙　黄油
1个　红洋葱，4等分
⅓杯（75毫升）　白葡萄酒
12个　小胡瓜，切细条
盐和黑胡椒
几小枝　迷迭香，摆盘用（可选）

成品照片请见对页

烤箱预热至180℃/挡位4。用明火炙烤鹌鹑以去除残留的羽毛。在鹌鹑表面和腹中涂抹盐和黑胡椒以调味。将意式火腿对折，覆盖在鹌鹑胸部，用厨房用绳绑牢。

珐琅锅中放入黄油，大火加热使其熔化，放入鹌鹑和洋葱，煎6~8分钟至表面上色。然后将珐琅锅移入烤箱，烤制15分钟。之后，在鹌鹑的周围倒入白葡萄酒，加入小胡瓜和一小撮盐，再烤制30分钟，其间适时将汤汁淋在鹌鹑表面。

将珐琅锅取出，去掉厨房用绳，把鹌鹑装盘，并将小胡瓜堆在鹌鹑周围，用迷迭香装饰即可。

提示：小胡瓜还可以油炸。将小胡瓜切成细条，用盐调味后撒上面粉。在一口深锅中倒入足量的油，加热至180℃。你可以用面包测试油温，如果面包丁在30秒内变成金黄色，即表明油温适合。放入小胡瓜，炸4~5分钟，捞出后用厨房纸吸去多余油脂，与烤好的鹌鹑一起食用。

家禽

家禽泛指所有人工养殖的禽类，其中最受意大利人欢迎的是鸡。在意大利，鸡的养殖标准很高，但是考虑到不同商店对食物质量的要求不同，在购买鸡肉时最好留心阅读标签，带有"放养"或"走地"标志的比较好。然而，"有机放养"的鸡才是最好的，它们的肉质更加紧实，风味也更浓郁。在美国，鸡肉是人们日常饮食中最基本的肉食来源，而在意大利，就像本书一直提倡的，更注重食物自身的风味。所以在美国，人们可能会买普通的鸡作为聚餐的主食材，而意大利人更喜欢阉鸡（capon）。阉鸡是一种被阉割了的肥公鸡，一只普通的鸡大概重1.4~1.8千克，而一只阉鸡大概重3.6~4.5千克，风味也更加鲜美。在意大利许多地方，烤阉鸡是圣诞节的传统菜肴。

　　用鸡熬制的高汤是意大利菜的重要组成部分，特别是用"brodo"做的意大利烩饭，其意大利文意思是"在肉汤里"。如果你的时间充裕，自己制作高汤是相当值得的，因为一定比在商店里买来的味道好。在烹饪时，没有什么比使用自己制作的高汤更让人满足了。阉鸡的骨架特别适合用来做高汤，但是普通的鸡也可以做。

　　仔鸡（poussin）是指鸡龄更小的鸡，鸡龄不超过28天，因此它们个头很小（400~450克），通常整只烹饪，一只仅够一人份。

　　意大利的鹅主要在伦巴第和威尼托地区养殖，在那里它们最受欢迎，并且是冬季当季的食材。在历史上，犹太人的口味对意大利菜产生过相当大的影响。意大利基督徒吃猪肉，但是犹太裔意大利人用鹅肉代替猪肉，以制做火腿、香肠和鹅肉酱，鹅肉制品直到今天还很受欢迎。鹅是大型禽类，体重约为4.5~6.4千克，所以一只鹅足够很多人饱餐一顿。

　　鸭子既有养殖的，也有野生的。在意大利，人们主要在冬天吃鸭子。但并非所有的鸭子风味均相同：成年鸭子油脂丰富，通常重3.2千克，而小鸭子的肉更嫩，且风味柔和，通常体重1.6~2千克。

　　珍珠鸡是一种体型较小的家禽，比鸡肉的风味更足，油脂含量略高，但不像鹅或鸭子那么油腻。意大利自16世纪起就有养殖珍珠鸡的记录，考虑到这一点，也就不奇怪为什么许多意大利菜谱中都能找到它们的身影了。

购买和烹饪家禽

如果条件允许，请购买品质最高的家禽，"有机放养"的品种一定物超所值。

鸡

首先要确保购买新鲜的鸡肉。仔鸡最适合烤制。在烤制前，确保将鸡脖子和腹部多余的脂肪块和松弛的鸡皮切掉，同时摘掉所有内脏，稍后可用于制作高汤。用厨房用纸把鸡里里外外彻底擦干，这样才能保证烤好的鸡皮酥脆。在鸡皮表面和鸡腹中撒盐同样会起到令鸡皮酥脆的作用。在烤鸡的过程中，适时将肉汁淋在鸡肉上也至关重要。若不想买整鸡，也可以只购买某些部位，或请肉贩代劳，帮你切分。如果你想亲自动手分割，首先需要切下鸡腿。将鸡胸部朝上放置在案板上，划开左侧鸡胸与鸡腿之间连接的鸡皮，然后顺势来到腿骨和身体的连接处，用刀切断关节。用同样的方式将另一侧的鸡腿切下。然后用刀切断鸡翅与身体的连接处，取下两只鸡翅。接下来处理鸡胸。用刀沿着胸骨的方向，垂直向下用力切到胸骨，紧接着以胸骨为"向导"，继续向下切到鸡的背部，取下鸡胸肉。不要忘掉"牡蛎肉"，它们位于脊柱中间的两个半圆形凹陷处，是非常嫩的小块肉。你还可以继续把整只鸡腿从关节处切断，把鸡大腿分离出来。分割过程也可以使用家禽剪代替刀。

鸭子

鸭腿和鸭胸分开销售是市场上常见的售卖形式。如果你想烤制一只整鸭，建议你用厨房用绳将其绑牢以便保持形状，因为大量油脂将在烹饪的过程中流出来。在烹煮鸭肉的时候，请严格按照菜谱中的烹饪方法操作，鸭肉一旦煮得过熟，就会又干又柴。

鹅

鹅应在正当令的季节购买，且新鲜的永远比冷冻的好。鹅体形非常大，如果你想用家用烤箱制作烤整鹅，最好购买8~9个月大、重量为3千克的鹅。

鹅的脂肪含量很高，其腹中，以及腹部下方都堆积着大量的脂肪，在烤制前要尽可能去除。烤鹅时，一定要将鹅放置在烤架上，并在下方的深烤盘中倒入¾杯（175毫升）水，这样在烤制的过程中，流出的脂肪就不会因为高温冒烟了。烤制过程中会有大量的鹅油滴落，因此其间需要更换数次烤盘中的水。烤鹅时不要在表面淋汤汁，否则鹅皮就不脆了。

珍珠鸡

最好购买7~10个月大的珍珠鸡。如果珍珠鸡超过10个月大，那么就需要悬挂熟成，以使风味更加浓郁。珍珠鸡的烹饪方式和鸡相似，但要注意看菜谱上的说明，珍珠鸡胸非常容易烤干，所以应该用意式培根或美式培根包裹。

火鸡

火鸡原产于美国，人们饲养火鸡的历史很长，通过选择性繁殖，它们已经从消瘦的野生禽类变成了肥美的家禽。根据目前的饲养技术，5个月内的雄火鸡体重可达到14~15千克，雌火鸡可达到7~8千克，而3个月大的火鸡是最美味的。火鸡一般会填馅烤制，经典的馅料包括栗子、西梅干、香肠、芹菜、胡萝卜和面包屑。

烤制火鸡时，需要在鸡皮上刷一层油或黄油，并用意式培根或美式培根包裹住火鸡胸。火鸡应侧向放置，烤制45分钟后换另一侧，这样可以避免火鸡胸直接接触烤盘。烤制过程中，需要适时地将汤汁淋在火鸡表面。一旦鸡皮上色，用锡箔纸将其包起来。烤火鸡的烹饪时长取决于火鸡的大小，每千克火鸡肉大概需要40分钟，烹饪过程中的第一个小时，烤箱的温度应达到220℃/挡位7，之后可将烤箱的温度调至180℃/挡位4。

意式酿鸡配烤苹果
Cappone ripieno di castagne e datteri

6~8人份
准备时长：30分钟
烹饪时长：2小时35分钟，另加10分钟静置

1只（2千克） 阉鸡，去掉多余的脂肪
100克 面包，切片
2个 鸡蛋
约3杯（240克） 帕玛森干酪，磨碎
1个 青柠，果皮碎屑
一小撮 肉豆蔻粉
200克 栗子，煮熟后切小块
8个 干枣，去核切片
3汤匙 黄油
半杯（120毫升） 白葡萄酒
将近1杯（200毫升） 蔬菜高汤
6个 脆苹果，最好是阿努卡苹果，洗净，擦干
盐和黑胡椒
黄油炒菊苣配帕玛森干酪（见第254页），配菜

成品照片请见对页

烤箱预热至200℃/挡位6。在鸡腹中加一小撮盐调味。

将面包片切小块，放入食物处理机，加入鸡蛋、帕玛森干酪、大部分的青柠皮碎屑、肉豆蔻和大量的现磨黑胡椒，打碎并混合，然后加入栗子和枣，并填入腹中，用肉针将其缝合，并用厨房用绳将鸡翅和鸡腿绑牢。

烤盘中放入2汤匙黄油，加热熔化后，放入处理好的鸡，鸡胸朝下，倒入白葡萄酒，烤制30分钟，然后将烤箱的温度调至180℃/挡位4，加入蔬菜高汤后，再烤制1小时30分钟。

用削皮器将苹果的皮削掉一圈，然后把苹果放在鸡的周围，在每个苹果上抹一点黄油，再烤制30~35分钟，适时将汤汁淋在鸡表面。

将烤盘从烤箱中取出，将剩余的青柠皮碎屑撒在烤鸡上，然后静置10分钟。烤鸡切开后装盘，与馅料、烤苹果一起上桌，搭配黄油炒菊苣配帕玛森干酪食用。

提示：将苹果皮削掉一圈，可以防止苹果在烹饪的过程中裂开。

坚果鸡肉卷佐奶酪酱汁
Cappone ripieno ai pistacchi e pinoli con fonduta

12人份
准备时长：1小时
烹饪时长：1小时40分钟

200克　鸡胸，去皮，去骨，剁碎
5汤匙　厚奶油
3个　蛋黄
将近1杯（50克）　欧芹，切碎
半杯（20克）　百里香，切碎
¼杯（30克）　开心果
¼杯（30克）　松子仁
1只　阉鸡，去骨，纵向切成两半
适量猪网油
2汤匙　橄榄油
1枝　鼠尾草
1枝　迷迭香
盐和黑胡椒

奶酪酱汁：
5汤匙　黄油
¼杯（30克）　中筋面粉
2¼杯（500毫升）　牛奶
一小撮　肉豆蔻粉
将近4¼杯（500克）　芳提娜奶酪，切丁
3个　蛋黄
将近半杯（100毫升）厚奶油
2汤匙　白兰地

　　烤箱预热至180℃/挡位4。将碎鸡胸肉、厚奶油和蛋黄放入食物处理机打至顺滑，盛到碗里，加入切碎的欧芹、百里香、开心果和松子仁，用盐和黑胡椒调味，制成调味鸡肉糜。

　　将盐和黑胡椒撒在鸡的表面和腹中以调味，将鸡肉糜抹在鸡的表面，然后把2个半只鸡拼在一起，用猪网油包裹起来，并用厨房用绳绑成圆柱状。珐琅锅中加入橄榄油，大火加热，把绑好的鸡放进去，煎至表面金黄后关火，放入鼠尾草和百里香，然后放入烤箱烤制1小时。

　　烤制的同时准备奶酪酱汁。平底锅中放入黄油，中火加热使其熔化，加入面粉，搅拌后加入牛奶，用盐和黑胡椒调味，加入少许肉豆蔻和芳提娜奶酪，煨煮20分钟。平底锅离火并加入蛋黄和厚奶油，再把锅放回炉子上，小火加热，但不要煮沸，搅拌至顺滑即可关火。加入白兰地，搅拌均匀。

　　将烤好的鸡从烤箱中取出，切片装盘后，浇上奶酪酱汁即可食用。

鸡肉卷佐马沙拉酒酱汁
Cappone farcito e salsa al marsala

12人份
准备时长：1小时
烹饪时长：2小时20分钟

适量橄榄油，用于涂刷烤盘
150克　鸡胸，去骨，去皮，剁碎
1个　蛋黄
将近半杯（50毫升）　厚奶油
400克　熟火腿，2片，切丁
将近¼杯（50克）　开心果，切碎
100克　香肠，切丁
200克　煮熟的栗子（大约20个），
压碎
一小块　黑松露，切丁
1只　阉鸡，去骨
一小块　黄油
1根　胡萝卜，切碎
1个　洋葱，切碎
2根　芹菜，切碎
2瓣　带皮大蒜，拍碎
1⅔杯（400毫升）　马沙拉酒
盐和黑胡椒

酱汁：
2枝　迷迭香，只取叶子，切碎
1½杯（350毫升）　马沙拉酒
将近1杯（200毫升）　厚奶油

烤箱预热至180℃/挡位4，烤盘内刷橄榄油。

将鸡肉、蛋黄和厚奶油放入食物处理机中，打至顺滑后取出放入碗中，加入火腿丁、开心果、香肠、栗子和黑松露丁，用盐和黑胡椒调味，制成馅料。将馅料填入鸡腹中，用肉针将鸡缝合，并用厨房用绳将鸡腿和鸡翅绑牢。

把鸡放入准备好的烤盘，淋上一些橄榄油，加入黄油、切碎的胡萝卜、洋葱、芹菜和大蒜，放入烤箱烤制1小时，期间定时将汤汁淋在鸡肉上。

1小时后，将马沙拉酒淋在鸡肉上，再烤制1小时。完成后，将鸡从烤盘中拿出，放在一旁保温备用。

接着制作酱汁。将烤盘放在灶台上，中火加热，加入切碎的迷迭香和马沙拉酒，与肉汁混合在一起。待汤汁部分蒸发后，加入厚奶油为酱汁增稠，搅拌均匀后过滤酱汁。鸡肉切片后装盘，浇上酱汁即可食用。

锅烤鸡
Pollo arrosto

4人份
准备时长：25分钟
烹饪时长：1小时15分钟

1只　鸡
4汤匙　橄榄油
1个　洋葱，切碎
1根　胡萝卜，切碎
1根　芹菜，切碎
1枝　迷迭香
盐和黑胡椒
黄油胡萝卜，配菜

成品照片请见对页

在鸡腹中撒上一小撮盐，用厨房用绳将鸡绑牢。珐琅锅中加入橄榄油，小火加热，放入切碎的洋葱、胡萝卜、芹菜和迷迭香，翻炒约10分钟，把鸡放在蔬菜上面，调大火，煎烤15分钟。用盐调味，调小火，加盖锅盖，烹饪40~45分钟或直至鸡肉完全熟透。如有必要，可以适时加一些热水，避免鸡肉被烤干。

将鸡从锅中取出，去掉厨房用绳，用家禽剪刀将鸡剪成块，搭配黄油胡萝卜食用即可。

百里香酥皮烤仔鸡
Galletti in crosta aromatica al timo

4人份
准备时长：20分钟，另加30分钟面团静置
烹饪时长：45分钟，另加10分钟静置

4只　仔鸡
4个　红葱头
2个　柠檬，1个切4瓣，1个切片
适量中筋面粉
1束　欧芹，只取叶子
1瓣　大蒜，去除蒜芯
盐
意式培根炒抱子甘蓝（见第274页），配菜

酥皮：
4½杯（500克）　中筋面粉
1杯（50克）　百里香，切碎
7~8汤匙　特级初榨橄榄油

首先做酥皮。将面粉与1杯（250毫升）水、⅓杯（30克）切碎的百里香、2汤匙特级初榨橄榄油和一小撮盐混合，揉成面团，用保鲜膜包裹，室温静置30分钟。

烤箱预热至200℃/挡位6，烤盘里铺烘焙纸。

将盐涂抹在仔鸡外皮和腹中以调味，然后在每只仔鸡的腹中塞一个红葱头和1瓣柠檬。

在操作台上撒少许面粉，将酥皮面团四等分，逐一擀成3~4毫米厚的面饼，每只仔鸡用一张酥皮包好，用柠檬片做装饰。将准备好的仔鸡放入烤盘，烤制45分钟。

欧芹叶片洗净擦干，加入一小撮盐、大蒜和剩余的橄榄油，用食物处理机或手持搅拌机打成糊状，制成青酱。烤好的鸡静置10分钟，之后将外层的酥皮去掉，把酥皮中包裹的肉汁浇在鸡上，搭配青酱、意式培根炒抱子甘蓝食用即可。

酿烤鸡肉
Pollo arrosto ripieno

4人份
准备时长：50分钟，另加10分钟浸泡
烹饪时长：1小时

4片　面包，去皮
1只（1千克）　鸡，保留内脏
2个　鸡肝，解冻后剁碎
100克　意式火腿，切碎
⅓杯（25克）　帕玛森干酪，磨碎
1个　鸡蛋，打蛋液
1枝　迷迭香
4片　鼠尾草叶子
2汤匙　黄油
3汤匙　橄榄油
盐和黑胡椒

烤箱预热至180℃/挡位4。将面包撕成小块，放入碗中，倒入足量的水，浸泡10分钟后捞出面包，挤出水分。在鸡腹中撒盐以调味。

将鸡的内脏切碎，与鸡肝、帕玛森干酪和意式火腿混合，放入碗中，调味后加入蛋液搅拌均匀，制成馅料，然后把馅料填进鸡腹中，并用肉针缝合，最后用厨房用绳将鸡绑牢，把迷迭香和鼠尾草塞到绳子下面。

烤盘中放入黄油和橄榄油，把鸡放进烤盘，入炉烤制1小时，其间应不时地将汤汁淋在鸡表面，或直至鸡肉完全熟透。用一根竹扦或一把锋利的小刀插入鸡肉最厚的部位，如果有清澈的肉汁流出，即证明鸡已熟透。将烤好的鸡从烤箱中取出，去掉厨房用绳，切成4份后装盘，同时将馅料切片，与鸡一起上桌即可。

巴西利卡塔风味酿烤鸡肉
Pollo ripieno alla lucana

4人份
准备时长：10分钟
烹饪时长：1小时15分钟

一小块　黄油，额外备一些涂抹用
5个　鸡肝
2个　鸡蛋
3汤匙　佩科里诺干酪，磨碎
1只（1千克）　鸡
少许　迷迭香
少许　鼠尾草
盐和黑胡椒

烤箱预热至180℃/挡位4。在煎锅中放黄油，中火加热使其熔化，放入鸡肝翻炒5分钟，调味后关火，将鸡肝剁碎。

把鸡蛋和磨碎的佩科里诺干酪放在一个碗里搅拌，用盐调味，然后放入鸡肝混合均匀。鸡腹中抹上盐调味后，填入馅料，用肉针缝合，然后用厨房用绳将鸡绑牢，把迷迭香和鼠尾草塞到绳子下面。鸡身上涂抹黄油，并用盐和黑胡椒调味。

烤盘中放入黄油和橄榄油，把鸡放进烤盘，烤入炉制1小时，其间不时将汤汁淋在鸡表面，或直至鸡肉完全熟透。用一根竹扦或一把锋利的小刀插入鸡肉最厚的部位，如果有清澈的肉汁流出，即证明鸡已熟透。将烤好的鸡从烤箱中取出，去掉厨房用绳，切成4份后装盘，同时将馅料切片，与鸡一起上桌即可。

石榴烤鸡
Gallina alla melagrana

4人份
准备时长：20分钟
烹饪时长：1小时15分钟

2汤匙　橄榄油
3汤匙　黄油
1只　烩煮用鸡
2个　珍珠洋葱
20克　干蘑菇
4颗　石榴
1杯（250毫升）　厚奶油
4片　鼠尾草叶子，切碎
盐和黑胡椒

成品照片请见对页

烤箱预热至180℃/挡位4。珐琅锅中加入一半量的黄油和橄榄油，大火加热使黄油熔化，将鸡煎至表面金黄后，加入1个珍珠洋葱，然后淋上热水，放入烤箱烤制1小时。

同时，把干蘑菇放入碗中，加入温水，浸泡15~30分钟，然后捞出，挤出水分，放在一旁备用。

将石榴的上下两端切掉，使之能立在案板上，然后沿着石榴瓣的走向从上到下将外皮划开，用手轻掰石榴瓣，或者用木勺敲打石榴皮，便可轻松地将石榴粒取出。重复上述步骤，将4颗石榴的石榴粒全部取出，然后用压泥器将石榴粒榨汁并倒在鸡上，石榴粒放在一旁备用。珐琅锅重新放回烤箱，继续烤制。

将剩下的洋葱切碎。取一口平底锅，放入剩余的黄油和橄榄油，小火加热使黄油熔化，放入切碎的洋葱，翻炒5分钟，然后加入蘑菇，继续翻炒15分钟后，将蔬菜倒入珐琅锅中，继续烤制。

把鸡和洋葱取出，剩余的肉汁和蔬菜用食物处理机搅打成泥状，然后倒入一口小汤锅中，加入厚奶油和切碎的鼠尾草，调味后以小火烩煮至浓稠，制成酱汁。

将鸡切块，珍珠洋葱切片后装盘，撒上石榴粒，与酱汁一起上桌即可。

马斯卡彭奶酪酿鸡胸

Petti farciti al mascarpone

4人份
准备时长：50分钟
烹饪时长：30分钟

3汤匙　黄油，另备一些用于涂刷烤盘
250克　蘑菇
1个　柠檬，榨汁，过滤
1瓣　大蒜
1汤匙　切碎的平叶欧芹
4个　鸡胸，去皮，去骨
2片　熟的腌火腿
将近半杯（100克）　马斯卡彭奶酪
1个　番茄
盐和黑胡椒
混合绿叶沙拉，配菜

成品照片请见对页

烤箱预热至200℃/挡位6。在烤盘内壁刷黄油。

蘑菇切碎，淋上柠檬汁防止变色。煎锅中放入2汤匙黄油，中火加热使其熔化，加入大蒜，炒至金黄后捞出丢弃，加入蘑菇和欧芹，大火翻炒5分钟，用盐和黑胡椒调味，再翻炒2分钟，关火。

将鸡胸肉从中间片开，但不要切断，像翻书一样将鸡胸肉打开，盖上一层保鲜膜，用肉锤敲打，再用盐和黑胡椒调味。每块鸡胸肉的一侧放一片火腿，然后把马斯卡彭奶酪分成若干小份，均匀地点在4块鸡胸上，最后在每一小块马斯卡彭奶酪上倒1汤匙炒好的蘑菇，即可像合上书页一样将左右两部分合在一起。将番茄的顶部和底部切掉，中间的部分切4片，分别放在鸡胸上，用盐调味，并涂上剩余的黄油，最后用竹扦或牙签固定。

把鸡胸肉放入准备好的烤盘中，盖上锡箔纸，烤制15分钟。

同时，预热烤架。待鸡胸肉烤好后，拿掉锡箔纸，把鸡胸肉放在烤架上烤至表面上色。

酿鸡胸肉搭配混合绿叶沙拉食用即可。

猎人风味炖鸡
Pollo alla cacciatora

4人份
准备时长：25分钟
烹饪时长：1小时

1只 鸡，切块
2汤匙 黄油
3汤匙 橄榄油
1个 洋葱，切碎
6个 番茄，去皮，去籽，切碎
1根 胡萝卜，切碎
1根 芹菜，切碎
1枝 平叶欧芹，切碎
盐和黑胡椒

成品照片请见对页

珐琅锅中加入黄油和橄榄油，中火加热使黄油熔化，放入洋葱和鸡块，翻炒约15分钟至表面金黄。加入番茄、胡萝卜和芹菜，然后倒入⅔杯（150毫升）水，煮沸后调小火，加盖锅盖，煨煮45分钟，或直至鸡肉软嫩。用盐和黑胡椒调味，撒上欧芹作为装饰即可。

提示：这是猎人风味炖鸡最简单的做法。不同的地区制法各有不同，有些地区会加入更多的芹菜和胡萝卜，有些地区则用白葡萄酒和高汤代替水，有些地区还会加入蘑菇片。

◆

原汁烩鸡胸
Petto di pollo in fricassea

6人份
准备时长：10分钟
烹饪时长：30分钟

1½汤匙 黄油
2汤匙 橄榄油
1汤匙 中筋面粉
1枝 欧芹，切碎
1根 芹菜，切碎
1根 胡萝卜，切碎
1个 洋葱，切碎
1杯（250毫升） 高汤
2个 鸡胸，去皮，去骨，切丁
2个 蛋黄
1个 柠檬，榨汁
盐和黑胡椒

珐琅锅中加入一半的黄油和橄榄油，小火加热使黄油熔化，放入面粉翻炒至微微变黄，加入蔬菜和欧芹，翻炒约5分钟，倒入高汤，放入鸡丁，用盐和黑胡椒调味，加盖锅盖，煨煮20分钟，其间不时翻动。

同时，将蛋黄和柠檬汁在一个小碗里混合搅打成蛋液，待鸡肉煮好后，倒入蛋液，快速搅拌以增稠，直至酱汁可以包裹住鸡丁，出锅装盘。

凤尾鱼橄榄炖鸡
Spezzatino con acciughe e olive

6人份
准备时长：20分钟
烹饪时长：40分钟

将近¼杯（50毫升） 橄榄油
1只（1千克） 鸡，切中等块
4条 腌凤尾鱼
1瓣 大蒜，切碎
2¼杯（500毫升） 罐头番茄泥
2½杯（300克） 去核绿橄榄
盐和黑胡椒
切碎的欧芹 摆盘用

平底锅中倒入橄榄油，中火加热，放入鸡块，用盐和黑胡椒调味，煎炒10分钟至表面上色，然后从锅中盛出，放在一旁保温备用。如果你的锅不够大，建议分批煎炒，避免锅内拥挤导致温度下降。

凤尾鱼用冷水洗去多余盐分，和大蒜一起切碎，然后倒入锅中，与炒鸡肉的汤汁混合，大火翻炒至凤尾鱼几乎熔化，大蒜呈半透明状。然后加入番茄，煮沸后将鸡肉倒回锅中，加入绿橄榄，并加几汤匙水没过食材，再次煮沸后，转小火，煨煮25分钟，待鸡肉熟透、酱汁浓稠时出锅，撒上切碎的欧芹做装饰即可。

提示：如果你不希望橄榄的味道过重，可以将绿橄榄减至1½~2杯（200克）。

◆

利古里亚风味炒鸡
Pollo alla ligure

4人份
准备时长：15分钟
烹饪时长：40分钟

3汤匙 橄榄油
1只（1千克） 鸡，切块
⅔杯（150毫升） 干白葡萄酒
1个 柠檬，榨汁
1瓣 大蒜，切碎
1枝 欧芹，切碎
1½杯（150克） 黑橄榄
¼杯（30克） 松子仁
盐和黑胡椒

成品照片请见对页

在珐琅锅中加入橄榄油，中火加热，放入鸡块，用盐和黑胡椒调味，煎10分钟至表面金黄。倒入干白葡萄酒和柠檬汁，令其完全蒸发后加入大蒜、欧芹、橄榄和松子仁，调小火，加盖锅盖，煨煮25分钟，或直至鸡肉完全熟透。

打开锅盖，再煮5分钟收汁，待鸡块呈金黄色即可出锅装盘。

烤熏肉卷鸡腿配橄榄
Cosce di pollo con speck e olive

4人份
准备时长：20分钟
烹饪时长：30分钟

适量橄榄油，用于涂刷烤盘
6条　鸡腿，去骨，去皮
12片　熏肉
1个　红葱头，切丁
⅔杯（150毫升）　干白葡萄酒
1½杯（150克）　去核绿橄榄，切碎
1枝　马郁兰，切碎
1枝　欧芹，切碎
半个　柠檬，果皮碎屑
盐和黑胡椒
香浓马铃薯泥（见第278页），配菜

　　烤箱预热至200℃/挡位6，烤盘上涂刷橄榄油。鸡腿用盐和黑胡椒调味，用熏肉将鸡腿包起来，然后放入烤盘。将红葱头丁撒在鸡腿之间，然后将烤盘放在灶台上，大火加热5分钟，待鸡腿煎至上色后，倒入干白葡萄酒，随即将烤盘移入烤箱，烤制25分钟，或直至鸡腿熟透。可以适时加一些水，避免干锅。用竹扦或一把锋利的小刀插入鸡肉最厚的部位，如果有清澈的肉汁流出，证明鸡腿已经熟透。

　　烤好后，将切好的橄榄倒入烤盘，鸡腿取出斜切并装盘，将橄榄和烤盘里的肉汁加热后倒在鸡腿上，撒上切碎的马郁兰、欧芹、柠檬皮碎屑，搭配香浓马铃薯泥食用即可。

红酒炖鸡肉
Spezzatino di vino rosso

6人份
准备时长：20分钟
烹饪时长：50分钟

3汤匙　橄榄油
3汤匙　黄油
100克　意式培根，切丁
1只（1.5千克）　鸡，切块
10个　珍珠洋葱
半瓣　大蒜，压扁
200克　蘑菇，对半切开
半杯（120毫升）　格拉帕酒
1¼杯（300毫升）　红葡萄酒
2汤匙　中筋面粉
盐和黑胡椒

　　锅中倒入橄榄油和1汤匙黄油，中火加热使黄油熔化，放入鸡块，煎炒约5分钟至表面金黄。如果你的锅不够大，建议分批煎炒，避免锅内拥挤导致温度下降。加入意式培根丁，翻炒5分钟后加入珍珠洋葱、大蒜和蘑菇，用盐和黑胡椒调味，淋上格拉帕酒，小心地点燃，待火焰熄灭，倒入红葡萄酒和⅔杯（150毫升）水，中小火炖煮30分钟，或直至鸡肉熟透。用一根竹扦或者一把锋利的小刀插入鸡肉最厚的部位，如果有清澈的肉汁流出，证明鸡肉已经熟透。将鸡肉捞出装盘，放在一旁保温备用。

　　将面粉和剩余的黄油放入碗中搅拌均匀。用食物处理机或手持搅拌机将锅里的肉汁和蘑菇等打成泥状，然后倒入小汤锅中，中火加热，加入黄油和面粉的混合物以增稠，制成酱汁，浇在鸡肉上即可。

酒浸烤鸡
Pollo profumato al Grand Marnier

4人份
准备时长：15分钟
烹饪时长：1小时15分钟

3片　加工奶酪，切块
50克　意式培根，切2片，切碎
2汤匙　黄油
3片　鼠尾草叶子
1只（1千克）　鸡
2汤匙　橄榄油
2片　月桂叶
半杯（120毫升）　白葡萄酒
¼杯（120毫升）　柑曼怡酒
盐和黑胡椒

烤箱预热至180℃/挡位4。将奶酪、意式培根、一小块黄油和鼠尾草放入鸡腹中，用盐和黑胡椒调味。

烤盘中倒入橄榄油，加入剩余的黄油和月桂叶，将鸡放在烤盘里，大火煎5分钟至颜色金黄，然后倒入干白葡萄酒，继续加热令其完全蒸发。

放入烤箱烤制30分钟后，倒入柑曼怡酒，放回烤箱继续烤制25分钟，或直至鸡肉完全熟透。用一根竹扦或者一把锋利的小刀插入鸡肉最厚的部位，如果有清澈的肉汁流出，证明鸡已经熟透。

将烤好的鸡肉取出切块装盘即可。

甜椒炖鸡肉
Spezzatino con i peperoni

4人份
准备时长：20分钟，另加1小时腌制
烹饪时长：50分钟

2个　黄色大甜椒
半杯（120毫升）　干白葡萄酒
3瓣　大蒜，压扁
将近¼杯（50毫升）　橄榄油
1只（1千克）　鸡，去骨，切块
1个　洋葱，切碎
1¼杯（250克）　罐头碎番茄
适量罗勒叶
盐和黑胡椒

预热烤架，把甜椒放在烤架上烤制，直至其完全变黑，放在一旁放凉至不烫手，剥掉完全烧焦的表皮，然后切成条，放在一旁备用。

碗中倒入干白葡萄酒，加入大蒜，腌制1小时。

平底锅中倒入橄榄油，大火加热，放入鸡块，煎10分钟至表面金黄，用盐和黑胡椒调味，调小火，煸炒20分钟后将鸡块从锅中盛出，放在一旁保温备用。

把洋葱放入锅中，翻炒约5分钟至上色，加入大部分干白葡萄酒和2瓣腌制过的大蒜，大火收汁至原来的⅓。加入碎番茄和罗勒叶，用盐和黑胡椒调味，再煮10分钟，将鸡块放回锅里，再加入剩余的干白葡萄酒、大蒜和甜椒，煨煮5分钟后即可出锅。

维奈西卡白葡萄酒炖鸡
Spezzatino di Gallina alla Vernaccia

6人份
准备时长：10分钟
烹饪时长：1小时15分钟

将近¼杯（50毫升） 橄榄油
1只 炖用母鸡，切成8块
1个 洋葱，切碎
1瓶（750毫升） 白葡萄酒，最好是
维奈西卡白葡萄酒
⅔杯（150毫升） 高汤
适量欧芹，切碎
12片 烤面包
盐和黑胡椒

锅中加入橄榄油，中火加热，放入鸡块，煎10分钟至表面金黄，即可盛出放在一旁备用。

将洋葱放入锅中翻炒5分钟至呈透明状，便可将鸡块重新放回锅中，静置时流出的肉汁也一并倒回锅中，然后加入白葡萄酒和少许高汤，用盐和黑胡椒调味，煮沸后调小火，加盖锅盖煨煮1小时，其间不时翻动。

烹饪结束前10分钟，将大部分欧芹撒入锅中，搅拌均匀。完成后，趁热将炖鸡直接倒在烤好的面包片上，撒上剩余的欧芹即可。

青胡椒烤鸭
Anatra al pepe verde

6人份
准备时长：3小时
烹饪时长：1小时40分钟

3汤匙 黄油
1个 洋葱，切丝
1根 胡萝卜，切丁
1根 芹菜，切丁
1枝 平叶欧芹
1枝 百里香
1只（2千克） 鸭子
1汤匙 青胡椒粒
¾杯（175毫升） 干白葡萄酒
1½杯（350毫升） 高汤
1个 小红甜椒，对半切开，去籽，
切碎
盐和黑胡椒

成品照片请见对页

烤箱预热至220℃/挡位7。在烤盘中加入2汤匙黄油，小火加热使其熔化，放入洋葱翻炒约5分钟，加入胡萝卜、芹菜、欧芹和百里香。

用盐和黑胡椒揉搓鸭皮，并把剩余的黄油、3粒青胡椒和一小撮盐撒进鸭腹中，用肉针缝合，然后把鸭子放在蔬菜上，用锡箔纸盖住烤盘，放入烤箱烤制15分钟。

将烤盘从烤箱中取出，烤箱的温度调至190℃/挡位5。把烤盘重新放回灶台，以中火加热，将干白葡萄酒倒在鸭子上，待其完全蒸发后倒入高汤，煮沸后重新用锡箔纸盖好，放入烤箱再烤45分钟。适时加一些高汤防止干锅。

把鸭子从烤盘中取出。肉汁过滤后加入5汤匙沸水，倒入烤盘，中火煮至汤汁稍微浓稠，加入甜椒和剩余的青胡椒，并将鸭子重新放回烤盘，放入烤箱继续烤制15分钟，即可切块装盘，浇上酱汁后上桌。

橙皮烤鸭佐红醋栗酱汁

Anatra arrosto con salsa di arancia e ribes

4人份
准备时长：30分钟
烹饪时长：1小时40分钟

1只（1.5千克） 鸭子
4个 橙子
2枝 百里香
1杯（200毫升） 蔬菜高汤
8枝 红醋栗
半杯（120毫升） 橙味利口酒
1汤匙 白砂糖
1根 芹菜，切碎
1根 胡萝卜切碎
1个 洋葱，切碎
盐和黑胡椒
炒红菊苣（见第254页），配菜

成品照片请见对页

烤箱预热至180℃/挡位4。去掉鸭子身上多余的脂肪，用盐和黑胡椒调味，将半个橙子的果皮碎屑和一枝百里香一起放进鸭腹中。烤盘中放置烤架，鸭子放在烤架上，避免鸭皮直接接触烤盘。烤盘中倒入蔬菜高汤，放入烤箱烤制1小时30分钟，其间适时将汤汁淋在鸭子表面。

取2个橙子，剥皮，去掉橙络，然后用小刀将橙肉切下来，和流出的橙汁一起放在一个小碗里，将剩余的橙子榨汁，红醋栗去掉果柄，放在一旁备用。

鸭子烤好后取出，放在一旁保温备用。将烤架从烤盘中取出，撇去汤汁上的浮油，倒入橙汁、橙味利口酒、白砂糖、黑胡椒、红醋栗（留一部分做装饰）、剩余的百里香、芹菜、胡萝卜和洋葱，中火炖煮10分钟。其间可用餐叉将一半量的红醋栗压扁，加盐调味后，过滤酱汁。

将鸭子切成小块后装盘，倒入酱汁，用橙子瓣、红醋栗作为装饰，搭配炒红菊苣食用即可。

扁桃仁酱炖鸭子
Anatra alla salsa di mandorle

6人份
准备时长：30分钟
烹饪时长：1小时30分钟

1只（2千克）　鸭子，保留肝
适量中筋面粉，用于裹粉
2~3汤匙　橄榄油
1个　洋葱
1瓣　大蒜
3个　番茄，切碎
12颗　去皮扁桃仁，烤熟
5汤匙　干白葡萄酒
1枝　新鲜的平叶欧芹，切碎
盐和黑胡椒
马铃薯泥配帕玛森干酪，配菜

　　将鸭肝放在一旁备用，将鸭子切成小块，用盐和黑胡椒调味后撒上适量面粉。锅里倒入2汤匙橄榄油，小火加热，放入鸭肝，煎至表面上色，但确保内部仍是生的，盛出放在一旁备用。

　　同一口锅中放入洋葱和大蒜，中火加热，翻炒8~10分钟至上色，盛出和鸭肝放在一起。如有必要，锅中可再加1汤匙橄榄油，大火加热，然后放入切块的鸭子，煎炒至表面金黄，加入番茄，煮沸后调小火煨煮。

　　同时，将扁桃仁、鸭肝、洋葱和大蒜一起剁碎，放入碗中并倒入干白葡萄酒，搅拌均匀后倒回锅中，加入切碎的欧芹，用盐调味，搅拌均匀后，加盖锅盖煨煮1小时，可适时加一些温水，避免干锅。

　　以马铃薯泥配帕玛森干酪垫底，将鸭肉放在马铃薯泥上，浇上酱汁即可。

啤酒炖鸭
Anatra alla birra

4人份
准备时长：20分钟
烹饪时长：1小时30分钟

2汤匙　黄油
1个　洋葱，切丝
1只（1.5千克）　鸭子
4¼杯（1升）　啤酒
1枝　迷迭香
1枝　百里香
2片　鼠尾草叶子
1汤匙　黄金葡萄干
盐和黑胡椒

　　锅中放入黄油，小火加热使其熔化，放入洋葱翻炒约5分钟，调大火，放入鸭子，煎约15分钟至鸭子表面上色，随即倒入啤酒，煮沸后调小火，用盐和黑胡椒调味，加入迷迭香、百里香、鼠尾草，小火煨煮1小时，其间需不断撇去浮油，直至鸭肉软嫩。

　　同时，将黄金葡萄干放入碗中，倒入温水，浸泡30分钟后捞出，挤去多余的水，放在一旁备用。

　　将鸭子盛出，放在一旁保温备用。挑出香草丢弃，大火收汁至浓稠，然后加入黄金葡萄干，小火煨煮几分钟。将鸭子切块装盘，浇上酱汁即可。

蜂蜜烤酿鸭
Anatra farcita al miele

6人份
准备时长：50分钟
烹饪时长：1小时30分钟

1只（2千克）　鸭子，保留肝
2汤匙　黄油
3汤匙　酱油
2个　洋葱，切碎
半瓣　大蒜
5汤匙　白兰地
2汤匙　蜂蜜
1块　厚切腌火腿，切碎
盐

　　烤箱预热至180℃/挡位4。将鸭子的表皮和腹腔用盐揉搓一遍。

　　锅中放入黄油，小火加热使其熔化，放入鸭肝，翻炒至熟透，然后盛出切碎，放在一旁备用。

　　将酱油、洋葱、大蒜和白兰地倒入碗中搅拌均匀，取一半倒入另一个碗里，和蜂蜜混合制成蜂蜜酱油，刷在鸭子表面，可多刷几遍，确保鸭皮上色。在剩余的酱油混合物中加入1½杯（350毫升）沸水，再加入鸭肝和切碎的腌火腿，然后填入鸭腹中，并用厨房用绳将鸭子绑牢。烤盘中放烤架，把鸭子放在烤架上，同时往烤盘中倒一点水。将烤盘放入烤箱，烤制1小时30分钟，其间在鸭子表皮上再刷几遍蜂蜜酱油。

　　鸭子烤好后，去掉厨房用绳，切块后搭配切片的馅料食用即可。

烤鸭配烤无花果
Filetti di anatra al fichi

4人份
准备时长：30分钟
烹饪时长：1小时40分钟

1只　小型鸭，保留肝
3汤匙　黄油，额外备一些用于涂刷
烤盘
4颗　无花果
一杯（250毫升）　红葡萄酒
1汤匙　柠檬汁
半条　白吐司面包，切片，去皮
1个　柠檬，榨汁
盐和黑胡椒

成品照片请见对页

　　烤箱预热至230℃/挡位8。鸭肝放在一旁备用。在鸭腹中撒盐和黑胡椒，然后用厨房用绳将鸭子绑牢。烤盘里放烤架，将鸭胸朝下放在烤架上，烤制30分钟，然后翻面，使鸭胸朝上，同时将烤箱的温度调至200℃/挡位6，再烤制1小时。

　　鸭子烤好前半小时，将无花果从中间切开但不切断，在另一个烤盘上刷黄油，放入无花果，然后在每一颗无花果里放一小块黄油，放入烤箱炙烤至上色即可。

　　鸭子烤好后，将鸭子和无花果都取出来，切下鸭翅、鸭胸和鸭腿，放在一旁保温备用。鸭架则用肉锤砸碎。将烤盘中的油脂过滤掉，倒入红葡萄酒，放入鸭架，然后放回烤箱中烤制10分钟。

　　将肉汁过滤到一口小汤锅中，倒入柠檬汁，并加入切碎的鸭肝。

　　锅中放入剩余的黄油，中火加热使其熔化，放入白吐司切片，煎至两面金黄。

　　将鸭腿和鸭胸切成薄片，放在酥香的煎面包片上，并把无花果摆在周围，浇上酱汁即可。

炖鹅配酸甜椒
Arrosto di oca con peperoni in agrodolce

8人份
准备时长：3小时15分钟
烹饪时长：2小时20分钟

1只（3千克）　鹅
350克　干栗子仁
半杯（120毫升）　橄榄油
1个　洋葱，切碎
1根　胡萝卜，切碎
1根　芹菜，切碎
1枝　迷迭香，切碎
¾杯（175毫升）　白葡萄酒
4¼杯（1升）　热高汤
2个　黄甜椒，对半切开，去籽，切条
2个　红甜椒，对半切开，去籽，切条
2个　青甜椒，对半切开，去籽，切条
2汤匙　砂糖
¾杯（175毫升）　白葡萄酒醋
盐和黑胡椒

成品照片请见对页

向鹅腹中撒盐和黑胡椒以调味，用干栗子仁填满腹部，然后用厨房用绳绑牢。珐琅锅中倒入一半量的橄榄油，中火加热，放入鹅、切碎的胡萝卜、洋葱、芹菜和迷迭香，煎炒约20分钟至鹅表皮金黄。

同时，将烤箱预热至180℃/挡位4。将白葡萄酒和热高汤倒入锅中，大火煮沸后，放入烤箱烤2小时，每15分钟加1汤勺热高汤，每30分钟将鹅翻一次面。

在一口大锅里加入剩余的橄榄油，小火加热，放入所有的甜椒，翻炒约20分钟，加入砂糖和白葡萄酒醋，再煨煮10分钟。

将鹅从烤箱中取出，去掉厨房用绳，扔掉鹅腹中的栗子仁。肉汁用食物研磨器研制成酱汁。切下鹅腿和鹅翅，将鹅肉切成小块后装盘，周围摆上甜椒，搭配酱汁食用即可。

烤鹅配酿苹果
Oca arrosto con mele, albicocche e noci

8人份
准备时长：30分钟，另加10分钟浸泡
烹饪时长：2小时40分钟

1只（4千克）　鹅，洗净，去掉多余的
脂肪
2片　月桂叶
8块　杏干
半杯（120毫升）　雅文邑白兰地
1¼杯（300毫升）　蔬菜高汤
8颗　核桃仁
半杯（40克）　黑麦面包屑
8个　苹果，最好是阿努卡苹果
1½汤匙　黄油
盐和黑胡椒
孜然炖紫甘蓝（见第277页），配菜

成品照片请见对页

烤箱预热至190℃/挡位5。用一小撮盐揉搓鹅皮，并在鹅腹中放入月桂叶。烤盘里放烤架，将鹅放在烤架上，避免鹅皮直接接触烤盘。将蔬菜高汤倒入烤盘中，入炉烤制2小时，其间适时将汤汁淋在鹅上。

同时，将杏干放入碗中，倒入雅文邑白兰地，浸泡10分钟。把核桃仁和面包屑一起粗粗切碎，然后用一小撮盐和黑胡椒调味。将杏干沥干，粗粗切碎后加入面包和核桃的混合物中。用去核器挖掉苹果核，再将洞口挖得稍微宽一点，填入面包屑混合物。

2小时后，将烤盘取出，倒掉烤盘底部的鹅油，并取出烤架，将苹果放入烤盘，然后在每个苹果上放一小块黄油，最后将鹅重新放回烤盘（不需要放烤架），和苹果一起再烤制40分钟。将烤好的鹅肉切开，搭配酿苹果和孜然炖紫甘蓝食用。

烩煮鹅肉
Stracotto d'oca

8人份
准备时长：3小时15分钟
烹饪时长：2小时45分钟

1只（3千克） 鹅
50克 意式培根，切薄片
2汤匙 橄榄油
1瓶（750毫升） 干白葡萄酒
1½杯（350毫升） 白葡萄酒醋
4¼杯（1升） 高汤
6粒 黑胡椒，轻轻碾碎
1片 月桂叶
2个 洋葱
一小撮 切碎的马郁兰
一小撮 切碎的迷迭香
1个 柠檬，切片

酱汁：
1个 柠檬
2条 腌凤尾鱼柳，放入冷水中浸泡
10分钟，沥干，切碎
2汤匙 黄油

成品照片请见对页

烤箱预热至190℃/挡位5。用意式培根将鹅包起来，烤盘里放烤架，然后将鹅放在烤架上，入烤箱烤制1小时30分钟。

把鹅从烤箱中取出并拿掉意式培根。然后将鹅放在一口放了橄榄油的锅中，倒入干白葡萄酒、白葡萄酒醋和高汤，放入黑胡椒、月桂叶、洋葱、马郁兰和迷迭香，用盐调味，煮沸后转小火，煨煮1小时。然后将鹅从锅中取出，放在一旁保温备用。

接下来制作酱汁。柠檬去皮去籽并切除所有白色的部分，将柠檬果肉切成丁，和切碎的凤尾鱼一起放入烤鹅的肉汁里，慢慢加热，于煮沸前关火，放入黄油，搅拌均匀。

将鹅切片装盘后用柠檬片装饰，浇上酱汁即可。

鹅肉酿马铃薯
Oca ripiena di patate

8人份
准备时长：20分钟
烹饪时长：3小时15分钟

4个　带皮马铃薯
2汤匙　黄油
1个　洋葱，切碎
1枝　欧芹，切碎
一小撮　切碎的迷迭香
1只（3千克）　鹅
1¼杯（300毫升）　热高汤
盐和黑胡椒

马铃薯放入加盐的沸水中焯10分钟，然后捞出沥干，去皮，切丁。

烤箱预热至200℃/挡位6。在锅中放入黄油，小火加热使其熔化，放入洋葱和欧芹，翻炒5分钟，调中火，放入马铃薯，将马铃薯煎至上色，用盐和黑胡椒调味后加入迷迭香拌匀。

将蔬菜填入鹅腹中，用肉针将开口缝合，并用厨房用绳将鹅绑牢。用竹扦或餐叉在鹅皮上扎一些小孔。烤盘中放烤架，然后将鹅放置在烤架上，鹅胸朝下，在烤盘中倒一些水，盖上锡箔纸，烤制1小时，然后将烤箱温度调至180℃/挡位4，再烤制1小时。

拿掉锡箔纸，将鹅翻面，鹅胸朝上再烤制1小时。撇去烤盘中肉汁表面的油脂，然后将肉汁倒入酱汁碗中，搭配切好并装盘的鹅肉食用即可。

焖煮鹅肉
Oca brasata

8人份
准备时长：45分钟
烹饪时长：3小时30分钟

4汤匙　黄油
1只（3千克）　鹅，切块
2个　洋葱，切丝
2瓣　大蒜
1瓶（750毫升）　干白葡萄酒
6个　大番茄，去皮，去籽，切碎
1枝　迷迭香
2片　鼠尾草叶
4汤匙　白兰地
盐和黑胡椒

烤箱预热至150℃/挡位2。珐琅锅中放入黄油，大火加热使其熔化，放入鹅肉，翻炒至表面金黄，加入洋葱和大蒜，调小火，翻炒均匀即可倒入干白葡萄酒，并加入番茄和香草，用盐和黑胡椒调味，大火煮沸后转小火，加盖锅盖，放入烤箱，烤制约3小时，或直至鹅肉达到骨肉分离的程度。

将鹅从锅中取出，剔骨后装盘并保温。挑出肉汁中的大蒜和香草丢弃，如有必要可大火收汁至浓稠，加入白兰地搅拌均匀，用盐和黑胡椒调味，搭配鹅肉食用。

酸甜珍珠鸡
Spezzatino di faraona in agrodolce

4人份
准备时长：20分钟，另加5小时腌制
烹饪时长：40分钟

2¼杯（500毫升）　红葡萄酒醋
2片　月桂叶
2粒　丁香
10颗　杜松子
1只（1千克）　珍珠鸡，切块
适量中筋面粉
4汤匙　橄榄油
3汤匙　黄油
2个　红葱头，切碎
⅓杯（50克）　葡萄干
¼杯（25克）　松子仁
⅔杯（150毫升）　马沙拉酒
1汤匙　幼砂糖
盐

将红葡萄酒醋和1杯（250毫升）水倒入一个大碗，加入月桂叶、丁香、杜松子和一小撮盐，然后加入珍珠鸡块，用保鲜膜覆盖，在冰箱里腌制5小时。

将珍珠鸡块从腌料中取出，撒上面粉，腌料放在一旁备用。锅中加入1汤匙橄榄油和一半量的黄油，中火加热使黄油熔化，放入珍珠鸡块，煎至表面金黄。为避免锅内拥挤，可以分批将珍珠鸡块煎至金黄。

在另一口大锅中放入剩余的橄榄油和黄油，中火加热使黄油熔化，放入红葱头，炒至半透明，加入珍珠鸡，浇1汤勺腌料并加入将近半杯（100毫升）水，然后用盐调味。随后加入葡萄干和松子仁，小火煨煮20分钟。之后倒入马沙拉酒，撒入幼砂糖，再煨煮5分钟，或直至珍珠鸡软嫩。

烤珍珠鸡配洋蓟心
Faraona ai carciofi

6人份
准备时长：45分钟，另加冷却的时间
烹饪时长：1小时20分钟

1只　珍珠鸡，去骨
5汤匙　橄榄油
2瓣　大蒜
5颗　洋蓟心
1枝　欧芹，切碎
2片　意式培根，切碎
2汤匙　黄油
1枝　迷迭香
5汤匙　干白葡萄酒
盐和黑胡椒

烤箱预热至200℃/挡位6。在珍珠鸡的肚子里用盐和黑胡椒调味。

锅中放入3汤匙橄榄油，中火加热，放入洋蓟心，翻炒至变软，撒上切碎的欧芹，并用盐和黑胡椒调味，冷却后将洋蓟心填入珍珠鸡腹中，用肉针将开口缝合，并用厨房用绳将珍珠鸡绑牢。

烤盘中倒入剩余的油，将珍珠鸡放在烤盘上，放入意式培根、大蒜和迷迭香，烤制表面上色后，将珍珠鸡翻面，同样烤至上色后取出。在珍珠鸡上浇干白葡萄酒，并将烤箱的温度调至180℃/挡位4，再烘烤1小时，或直至珍珠鸡软嫩。

烤好的珍珠鸡从烤箱中取出，去掉厨房用绳，切开后装盘浇上肉汁，搭配洋蓟心食用即可。

波特酒炖珍珠鸡配葡萄和珍珠洋葱
Faraona al porto con uva e cipolline

4人份
准备时长：20分钟
烹饪时长：35分钟

1只（1千克）　珍珠鸡，切块
3汤匙　黄油
半杯（120毫升）　白波特酒
200克　带皮珍珠洋葱
2枝　龙蒿，切碎
1串　粉红葡萄，对半切开，去籽
盐和黑胡椒
红辣椒炒西蓝花苗（见第270页），
配菜

成品照片请见对页

烤箱预热至180℃/挡位4。珍珠鸡块用盐和黑胡椒调味。珐琅锅中加入黄油，中火加热使其熔化，放入珍珠鸡块，鸡皮朝下，煎至表面金黄。然后倒入白波特酒，煮沸后将珐琅锅移入烤箱，烤制20分钟。

同时，烧一锅开水，加盐，放入珍珠洋葱，焯10分钟后捞出沥干，和切碎的龙蒿、粉红葡萄一起放入锅中，用盐和黑胡椒调味，再煨煮15分钟，出锅装盘，可以搭配红辣椒炒西蓝花苗食用。

时蔬珍珠鸡
Faraona all'ortolana

4人份
准备时长：30分钟
烹饪时长：1小时15分钟

4汤匙　黄油
6汤匙　橄榄油
4片　鼠尾草叶子
1根　芹菜，切碎
1只（1千克）　珍珠鸡，切块
¾杯（175毫升）　白葡萄酒
8个　珍珠洋葱
3个　马铃薯，切丁
半杯（300克）　南瓜丁
盐和黑胡椒

成品照片请见对页

在锅中加入一半量的黄油和一半量的橄榄油，大火加热使黄油熔化，加入鼠尾草和芹菜，再加入盐和黑胡椒，之后加入珍珠鸡块，翻炒约10分钟至表面金黄，其间可少量多次加入白葡萄酒。

另一口锅中加入剩余的黄油和橄榄油，小火加热使黄油熔化，加入珍珠洋葱、马铃薯和南瓜丁，用盐和黑胡椒调味，小火翻炒40分钟。

烤箱预热至180℃/挡位4。将蔬菜、香草和珍珠鸡放入烤盘中，烤制30分钟，或直至熟透即可。

◆

香草酱汁炖珍珠鸡
Faraona con crema alle erbe

4人份
准备时长：25分钟
烹饪时长：1小时20分钟

3汤匙　橄榄油
2汤匙　黄油，额外备一小块
1只（1千克）　珍珠鸡，4等分
⅔杯（150毫升）　高汤
⅔杯（150毫升）　白葡萄酒
1个　洋葱，切丝
1枝　欧芹
1枝　罗勒
一小撮　百里香
2片　月桂叶
8粒　绿胡椒
半杯（40克）　磨碎的佩科里诺干酪
盐

锅中倒入橄榄油和2汤匙黄油，中火加热使黄油熔化，加入珍珠鸡块，用盐调味后，先后倒入高汤和白葡萄酒。加入洋葱、欧芹、罗勒、百里香、月桂叶和绿胡椒，煮沸后调中火，加盖锅盖，炖煮1小时。完成后，将珍珠鸡盛出，放在一旁保温备用。

烤箱预热至200℃/挡位6。锅中放入一小块黄油和一半量的佩科里诺干酪，搅拌均匀。取一半汤汁倒入一个耐热的大盘子里，将珍珠鸡放进去，并撒入剩余的佩科里诺干酪，用锡箔纸覆盖，放入烤箱烤制15分钟。烤好后直接上桌食用。

香料炖珍珠鸡佐酸奶酱汁
Faraona speziata allo yogurt

4人份
准备时长：20分钟
烹饪时长：45分钟

2个　绿豆蔻荚
半茶匙　香菜籽
4汤匙　特级初榨橄榄油
1根（3厘米）　肉桂
1只（1千克）　珍珠鸡，切块
半杯（120毫升）　白葡萄酒
4根　小葱，切葱花
1杯（250毫升）　原味酸奶
⅔杯（20克）　切碎的新鲜芫荽
盐和黑胡椒
青柠马铃薯泥（见第280页），配菜

成品照片请见对页

烤箱预热至180℃/挡位4。用杵臼将绿豆蔻荚碾碎，取籽，和香菜籽一起用杵臼研磨成细粉。

珐琅锅中加入橄榄油，中火加热，放入香料和肉桂，稍稍煸炒出香气后放入珍珠鸡块，煎至表面金黄。倒入白葡萄酒，令其缓慢蒸发。之后加入葱花，用盐和黑胡椒调味，放入烤箱中烤制30分钟。

将肉桂从锅中取出，珍珠鸡盛出装盘，随后将酸奶倒入锅中，大火加热并快速搅拌2分钟后制成酱汁。将酱汁浇在珍珠鸡上，并撒上切碎的芫荽，搭配香柠马铃薯泥食用即可。

◆

迷迭香马沙拉酒炖珍珠鸡
Spezzatino al rosmarino e marsala

12人份
准备时长：45分钟
烹饪时长：1小时20分钟

1¼块（150克）　黄油
3根　胡萝卜，切碎
3根　芹菜，切碎
2枝　迷迭香，叶子切碎
3瓣　大蒜
4颗　杜松子
3只（每只1千克）　珍珠鸡，肉切块，鸡骨备用
2½杯（600毫升）　马沙拉酒
⅔杯（150毫升）　厚奶油
盐和黑胡椒

在锅中放入黄油，中小火加热使其熔化，加入切碎的胡萝卜、芹菜、迷迭香、大蒜和杜松子，翻炒10分钟后放入鸡肉和鸡骨，煎炒至上色，用盐和黑胡椒调味，加盖锅盖，焖煮30分钟，然后倒入马沙拉酒，煮沸后转小火，加盖锅盖，再焖煮30分钟。

关火后用漏勺将鸡肉和骨头捞出，骨头丢掉。盛出鸡肉，放在一旁保温备用。

将厚奶油倒入锅中，与肉汁混合，持续沸腾约5分钟后，将锅中所有食材和汤汁倒入搅拌机中打至顺滑，浇在鸡肉上即可。

锅烤珍珠鸡
Arrosto di faraona

6人份
准备时长：30分钟
烹饪时长：1小时15分钟

1只（1千克） 珍珠鸡
1枝 迷迭香
2片 鼠尾草叶子
50克 意式培根，切成2片
3汤匙 黄油
3汤匙 橄榄油
¾杯（175毫升） 干白葡萄酒
盐和黑胡椒

成品照片请见对页

在珍珠鸡腹中撒盐和黑胡椒以调味，然后填入迷迭香、鼠尾草、一片意式培根和1汤匙黄油，将另一片意式培根覆盖在珍珠鸡的鸡胸上，用厨房用绳绑牢，最后用盐和黑胡椒调味。

锅中加入橄榄油和剩余的黄油，中火加热使黄油熔化，放入珍珠鸡，煎炒至表面金黄，随即倒入一半的干白葡萄酒，煮沸后调小火，加盖锅盖，煨煮50分钟，然后取出意式培根，放在一旁备用。加盖锅盖，再煨煮10分钟，即可将珍珠鸡取出，放在一旁保温备用。

将剩余的干白葡萄酒倒入锅中，大火收汁至一半。珍珠鸡切小块，和意式培根一起装盘，浇上肉汁即可。

◆

锅烤火鸡
Arrosto di tacchinella

8人份
准备时长：25分钟
烹饪时长：1小时45分钟至2小时

1只（3千克） 火鸡
2枝 迷迭香
4片 鼠尾草叶子
2片 意式火腿，切条
100克 意式培根，切片
3汤匙 橄榄油
2汤匙 黄油
2汤匙 格拉帕酒
盐和黑胡椒

在火鸡腹中撒盐和黑胡椒以调味，然后填入1枝迷迭香、鼠尾草和意式火腿，用肉针将开口缝合。用意式培根将火鸡胸包裹起来，再用厨房用绳绑牢。

在锅中放入橄榄油、黄油和剩余的迷迭香，小火加热，放入火鸡慢慢煎烤1小时45分钟~2小时，或直至火鸡熟透。其间应不时将汤汁淋在火鸡上，并用盐调味1~2次。

于烹饪结束前10分钟取出意式培根，将火鸡皮煎烤至上色。最后洒上格拉帕酒并点燃，待火焰熄灭后即可上桌。

樱桃番茄烤火鸡佐罗勒青酱
Arrosto di tacchino con pomodorini e basilico

4人份
准备时长：20分钟
烹饪时长：50分钟

800克　火鸡胸，去骨
1瓣　大蒜，切细条
5~6汤匙　特级初榨橄榄油
1¾杯（300克）　樱桃番茄，去茎
半杯（120毫升）　白葡萄酒
⅓杯（40克）　松子仁，额外备一些
摆盘用
一大把　罗勒叶，洗净，轻轻拍干
盐
烤茄子（见第264页），配菜

成品照片请见对页

烤箱预热至180℃/挡位4。用一把锋利的小刀在火鸡胸上扎几个小口，逐一塞入大蒜，用盐调味，并用厨房用绳绑牢。

烤盘中放橄榄油，大火加热，放入火鸡胸，煎烤至两面金黄。用小刀在樱桃番茄顶端切一刀，然后放进烤盘。倒入白葡萄酒，用盐调味，将烤盘放入烤箱烤制30分钟，然后加入松子仁再烤制15分钟，即可将火鸡胸从烤盘中盛出，放在一旁保温备用。

将罗勒叶（留一部分做装饰）和肉汁、一半量的樱桃番茄、40克松子仁一起放入食物处理机中打成青酱。

去掉厨房用绳，火鸡胸切片。以烤茄子和剩余的完整樱桃番茄垫底，把火鸡胸放在上面，淋上酱汁，用松子仁和保留的罗勒叶装饰即可。

火鸡酿栗子
Tacchino ripieno di castagne

6~8人份
准备时长：1小时30分钟
烹饪时长：2小时

250克　栗子，去壳，煮大约45分钟
300克　意大利香肠，剥皮并弄碎
1¼杯（150克）　去核绿橄榄，切碎
1只（3千克）　火鸡
100克　意式培根，切片
适量橄榄油
盐和黑胡椒
生菜叶，配菜

栗子煮熟后去皮捣烂。烤箱预热至180℃/挡位4。将香肠和绿橄榄加入栗子中拌匀，用盐和黑胡椒调味，制成栗子馅料。用勺子把馅料填进火鸡腹中，然后缝合开口。将意式培根覆盖在火鸡胸上，然后用厨房用绳绑牢，最后用盐和黑胡椒调味。

在烤盘上刷大量橄榄油，然后放入火鸡，入炉烤制1小时30分钟，其间不时将汤汁淋在火鸡上。随后，将烤盘取出，拿掉意式培根，再放回烤箱烤制30分钟，或直至火鸡表皮金黄且完全熟透。

将火鸡切片，与意式培根一起装盘，搭配栗子馅料和生菜叶食用即可。

原汁烩火鸡配牛肝菌

Fricassea ai porcini

4人份
准备时长: 25分钟
烹饪时长: 1小时15分钟

3汤匙　黄油
3汤匙　橄榄油
600克　火鸡胸，去皮，去骨，切中
等方块
1个　小洋葱，切碎
2瓣　大蒜
¾杯（175毫升）　干白葡萄酒
400克　牛肝菌，切片
1枝　平叶欧芹，切碎
5汤匙　热高汤，可用浓汤宝
2个　蛋黄
半个　柠檬，榨汁，过滤
盐和黑胡椒

成品照片请见对页

在锅中加入黄油和2汤匙橄榄油，大火加热使黄油熔化，放入火鸡胸，煎至表面金黄后，用漏勺将其捞出，放在一旁备用。

调小火，放入洋葱和1瓣大蒜，翻炒约5分钟，将大蒜挑出丢弃，把火鸡胸重新放回锅中，倒入干白葡萄酒，大火煮沸后调小火，加盖锅盖，煨煮30分钟。将剩余的橄榄油刷在牛肝菌上，然后放入锅中搅拌均匀。将剩余的大蒜切碎，和欧芹一起放入锅中，再倒入热高汤，大火煮沸后转小火，再煨煮30分钟。

小碗里放入1汤匙水、柠檬汁、蛋黄、一小撮盐和一小撮黑胡椒，打成蛋液。关火，然后把蛋液倒入锅中，快速搅拌，避免蛋液凝结，从而使酱汁浓稠顺滑。当酱汁可以轻轻包裹住火鸡肉时，即可出锅装盘。

◆

烤火鸡酿抱子甘蓝

Tacchino ripieno di cavolini di bruxelles

6~8人份
准备时长: 1小时
烹饪时长: 2小时15分钟，另加10分钟静置

300克　抱子甘蓝，整理干净
1¾杯（250克）　熟的腌火腿，切碎
1只（3千克）　火鸡
100克　猪肥肉，切薄片或厚切培根
适量橄榄油
盐和黑胡椒

烤箱预热至180℃/挡位4。将抱子甘蓝放入加盐的沸水中焯15分钟左右，或直至完全煮熟，捞出沥干后逐一切成两半，放入碗中。碗中加入火腿，用盐和黑胡椒调味，拌匀后填入火鸡腹中，然后用肉针将开口缝合。用猪肥肉或培根覆盖在火鸡胸上，并用厨房用绳绑牢，最后用盐和黑胡椒调味。烤盘上刷大量的橄榄油，把火鸡放在烤盘里，放入烤箱烤制1小时30分钟，其间适时将汤汁淋在火鸡上。

把烤盘取出，把猪肥肉或培根拿掉，把火鸡重新放回烤箱，再烤制30分钟，或直至表皮金黄、肉熟透且软嫩。将烤好的火鸡静置10分钟，即可装盘。

白酒火鸡卷配胡萝卜

Rotolo di tacchino al passito con carote

4人份
准备时长：20分钟，另加冷却时间
烹饪时长：1小时，另加5分钟静置

3汤匙　黄油
1根　韭葱，切葱花
100克　香肠，去肠衣并弄碎
5片　鼠尾草叶子，切条
¾杯（40克）　新鲜面包屑
1个　鸡蛋
800克　火鸡胸肉，打蝴蝶花刀
半杯（120毫升）　帕赛托酒
500克　胡萝卜，切条
半杯（120毫升）　热蔬菜高汤
盐和黑胡椒

成品照片请见对页

烤箱预热至180℃/挡位4。珐琅锅中放入2汤匙黄油，小火加热使其熔化，加入韭葱和香肠，翻炒5分钟，加入2片鼠尾草，用盐和黑胡椒调味，关火，冷却至室温。

待混合物冷却后加入面包屑和鸡蛋，搅拌均匀，做成馅料。将切好的火鸡胸放在一张烘焙纸上，涂上做好的馅料，然后卷起来，用厨房用绳绑牢，做成肉卷。

珐琅锅中加入剩余的黄油，大火加热使其熔化，放入火鸡肉卷，煎炒约10分钟至上色。随即倒入帕赛托酒，煮沸后加入胡萝卜、热蔬菜高汤和剩余的鼠尾草叶子，加盐调味，大火煮沸后放入烤箱烤制40分钟。

将烤好的火鸡肉卷取出，静置5分钟，然后去掉厨房用绳，切片后装盘，搭配胡萝卜和肉汁食用即可。

提示：如果火鸡胸的厚度超过1厘米，可以把火鸡肉放在2层烘焙纸中间，用肉锤将其打薄。

芹菜酱汁炖火鸡腿
Cosce di tacchino con salsa al sedano

4人份
准备时长：20分钟，另加10分钟浸泡
烹饪时长：50分钟

将近¼杯（30克） 葡萄干
4条 火鸡腿
2汤匙 黄油
2个 红葱头，切丝
半杯（120毫升） 白葡萄酒
1棵 芹菜，清理干净，嫩叶保留，
切碎后备用
2枝 百里香，用厨房用绳捆在一起
2片 熏肉，切丁
将近半杯（100毫升） 蔬菜高汤
盐和黑胡椒
马铃薯饼（见第282页），配菜

成品照片请见对页

把葡萄干浸泡在一碗温水里，10分钟后捞出并擦干。烤箱预热至180℃/挡位4。

火鸡腿用盐调味。珐琅锅中放入黄油，中火加热使其熔化，放入火鸡腿，煎大约5分钟至表面金黄，加入红葱头和白葡萄酒，煮沸后转小火，炖煮5分钟，或直至蔬菜稍微变软。加入芹菜、百里香和熏肉丁，倒入蔬菜高汤，放入烤箱烤制40分钟。

将火鸡腿取出装盘。将百里香从锅中挑出并丢弃，然后用食物处理机或手持搅拌机将汤汁打成顺滑的酱汁，加入葡萄干和大量的黑胡椒。把酱汁浇在火鸡腿上，撒上切碎的芹菜嫩叶作为装饰，搭配马铃薯饼食用即可。

◆

芥末炖火鸡
Spezzatino alla senape

4人份
准备时长：2小时15分钟
烹饪时长：1小时5分钟

2汤匙 橄榄油
2汤匙 黄油
1个 洋葱，切碎
1瓣 大蒜，切碎
600克 火鸡胸，去皮，去骨，切块
¾杯（175毫升） 干白葡萄酒
1杯（250毫升） 热高汤
2汤匙 第戎芥末酱
1枝 平叶欧芹，切碎
盐和黑胡椒

在锅中加入橄榄油和黄油，小火加热使黄油熔化，加入洋葱和大蒜，翻炒5分钟后调中火，放入火鸡，煎炒10分钟至表面金黄，用盐和黑胡椒调味，随即倒入干白葡萄酒，待其完全蒸发后，倒入半杯（175毫升）热高汤，煮沸后转小火，加盖锅盖，煨煮30分钟。

将剩余的鸡汤和第戎芥末酱倒入一个碗里，搅拌均匀后倒入锅中，撒上欧芹，再煨煮15分钟即可。

配菜

在意大利，尽管肉类几乎永远是主要食材，但蔬菜始终起着至关重要的辅助作用。索夫利特底料（Soffrito），即将切碎的洋葱、芹菜、大蒜和胡萝卜在橄榄油或黄油中翻炒至变软制成的酱料，是无数菜肴的基础。各种香草也同样重要，它们能提味增香，使菜肴的颜色更加丰富。香草既包括随处可见的罗勒和平叶欧芹，也包括更具地中海地域特色的百里香、迷迭香和鼠尾草。

也许，意大利烹饪中最重要的蔬菜根本不是蔬菜，而是水果——番茄。这种甜美的水果在意大利的阳光下成熟，与在美国杂货店或英国超市里售卖的那种质地坚硬如石头、味道寡淡如水的番茄几乎没有任何相似之处。番茄是许多意大利菜的基础。切片、调味，淋上优质橄榄油，或搭配用水牛奶马苏里拉奶酪，本身就是一道经典菜。而将番茄打成泥状，则可以增加炖煮菜或烩煮菜的风味。

香气十足的球茎茴香可以为任何沙拉或烤菜丰富口感和风味，也适合搭配猪肉。球茎茴香头可以炖、炸（见第256页）、烤，或切成小块，与洋蓟和刺山柑一起拌入沙拉（见第255页），再或者与新鲜的香草、血橙和极苦的菊苣一起拌入沙拉。

在意大利，radicchio一词是几种红菊苣的统称，有些品种长有红色的尖叶和宽阔的白杆，有些品种的外皮则较为斑驳，外形也更像卷心菜。其美丽的外观、微微苦涩的风味和清脆的质地使其成为冬季沙拉最受欢迎的选择。红菊苣在意大利非常受欢迎，做法包括炙烤、烧烤或者裹上面糊油炸。不论是用黄油炒红菊苣（见第252页），还是简单烧烤10分钟，都可成为烧烤或烤肉的理想搭配。红菊苣甚至可以直接和肉一起烹饪，如牛里脊菊苣三明治（见第62页）。

苦菊生伏（意大利语为puntarelle）是菊苣的一个品种，它的叶子呈波浪齿状，在嫩的时候采摘，可以生吃，也可以做熟吃，用黄油煸炒后，略苦的风味会有所缓解，非常适合搭配较为油腻的肉类菜肴。

颜色鲜艳的豌豆是肉类的好搭档，例如鸭肉或鸡肉，最常见的做法是炖豆子，也可以加一些意式培根增加风味（见第260页）。它可以使任何肉类和家禽菜肴锦上添花。

白芸豆和四季豆可以搭配青酱食用，也可以用奶油炖煮，

再加入帕玛森干酪提升风味，或者直接用黄油、大蒜和辣椒一起煸炒（见第258页）。西蓝花也非常适合用同样的方法烹饪，尤其是西蓝花苗，它是肉类菜肴绝佳的营养搭配。

甜椒是一种受人欢迎且用途多样的蔬菜，作为馅料填入羊肉或猪肉时，其甜味会与肉的风味形成有趣的对比，它们还适合炒、烤、炸或炙烤。意大利南部的烤甜椒（见第268页）就是一道经典的以甜椒作为主食材的菜肴。甜椒既能搭配番茄、洋葱和大蒜，经过长时间风味的转换和累积成为入口即化的炖菜，也能搭配烤肉或者家禽，例如炖鹅配酸甜椒（见第222页）。除此之外，甜椒搭配意面或简单地搭配面包，同样非常美味。

抱子甘蓝可能不算意大利厨房里的传统食材，但近些年越来越受人们欢迎。它通常经过焯制，然后和意式培根一起炒，偶尔也可以做成菜泥（见第274页）。抱子甘蓝和栗子，以及扁桃仁等带有甜味的坚果搭配也很适宜。除此之外，味道温和的香料，如豆蔻，也可以和抱子甘蓝形成美妙的组合。猪肉、兔肉和家禽与抱子甘蓝搭配，可以很好地平衡风味，突出主食材的鲜美可口。烤肉时产生的汤汁也不要浪费，用其炖煮抱子甘蓝味道极佳。

香草绿叶沙拉
Insalatina mista alle erbe aromatiche

4人份
准备时长：5分钟

150克　混合绿色蔬菜（叶菜），如
薄荷、野球茎茴香、欧芹、罗勒
1汤匙　意大利香醋
4汤匙　橄榄油
盐

将混合绿色蔬菜放在碗中，将意大利香醋、橄榄油和一小撮盐在另一个小碗中混合，然后淋在沙拉上。

炒红菊苣
Radicchio tardivo in padella

4人份
准备时长：5分钟
烹饪时长：10分钟

1½汤匙　黄油
3棵　特雷维索红菊苣，去掉外层叶
子，切段
1个　红葱头，切碎
1个　橙子，果皮碎屑
1汤匙　苹果醋
盐

成品照片请见对页

平底锅放入黄油，中火加热使其熔化，放入特雷维索红菊苣、红葱头、橙皮碎屑和苹果醋，用一小撮盐调味，翻炒至断生即可出锅装盘。

黄油炒菊苣配帕玛森干酪
Catalogna al burro e parmigiano

4人份
准备时长：5分钟
烹饪时长：10分钟

2棵　菊苣，修剪后切小块
3汤匙　黄油
1瓣　大蒜，切碎
30克　帕玛森干酪，磨碎
盐

烧一锅开水，放盐，放入菊苣焯5~6分钟，然后捞出沥干。锅中放黄油，中火加热，加入焯好的菊苣、大蒜和帕玛森干酪，翻炒约5分钟至断生即可。

◆

炒菊苣
Catalogna ripassata in padella

4人份
准备时长：5分钟
烹饪时长：10分钟

300克　菊苣，修剪后切小块
4汤匙　橄榄油
1瓣　大蒜，切碎
盐和黑胡椒

成品照片请见第93页

烧一锅开水，放盐，放入菊苣焯5~6分钟，然后捞出沥干。锅中放黄油，中火加热，加入焯好的菊苣、大蒜，用盐和黑胡椒调味，翻炒约5分钟至断生即可。

炒苦苣
Insalata riccia saltata in padella

4人份
准备时长：10分钟
烹饪时长：5分钟

4汤匙　橄榄油
1瓣　大蒜
1棵　苦苣，去掉外层的叶子并切碎
盐

锅中加入橄榄油，中火加热，放入苦苣、蒜瓣，用一小撮盐调味，翻炒4~5分钟至苦苣断生且锅中无汤汁，即可出锅装盘。

球茎茴香头洋蓟沙拉
Insalata di finocchi e carciofi

4人份
准备时长：30分钟

半杯（120毫升）　橄榄油
1个　橙子，榨汁，过滤
3颗　球茎茴香头
1个　柠檬，榨汁，过滤
2个　洋蓟
1汤匙　腌刺山柑，冲洗干净，沥干
盐和黑胡椒

将橙汁和橄榄油倒在一个小碗里，用盐和黑胡椒调味，用打蛋器搅拌均匀，放在一旁备用。

将球茎茴香头外层坚硬的老叶子去掉，将嫩芯切成非常薄的薄片，最好使用刨子。

在一个碗里倒半碗水，然后加入柠檬汁。修剪洋蓟，去掉外层花瓣和花芯里的绒毛，将其切成小块，立刻浸泡在柠檬水中，以防变色。

将洋蓟沥干放入沙拉碗中，加入球茎茴香头片，撒上腌刺山柑，最后淋上橙子酱汁即可。

香酥球茎茴香
Finocchi fritti

4人份
准备时长：15分钟
烹饪时长：20分钟

1个　柠檬，榨汁
4颗　球茎茴香头
2枝　马郁兰，切碎
2枝　百里香，切碎
1汤匙　帕玛森干酪或佩科里诺干
酪，磨碎
适量橄榄油
适量中筋面粉
2个　鸡蛋，打蛋液
适量面包屑
适量植物油
盐和黑胡椒
球茎茴香叶　摆盘用（可选）
柠檬角　摆盘用（可选）

成品照片请见对页

碗里倒半碗水，加入柠檬汁，搅拌均匀。去掉球茎茴香头外层坚硬的老叶子后，平均切成8块，然后放入柠檬水中。

烧一锅开水，加盐，放入球茎茴香头焯7~8分钟，捞出并用厨房纸擦干。将球茎茴香头放入一个大碗中，用盐和黑胡椒调味，撒上马郁兰、百里香和磨碎的干酪，最后淋上橄榄油，搅拌均匀。

取3个容器，分别放入中筋面粉、蛋液和面包屑。先将一块球茎茴香头沾上面粉，然后在蛋液中浸一下，最后在面包屑中滚一滚，重复这一过程直至把所有球茎茴香头都裹上面包屑。

大锅中放油，加热到180℃，放入球茎茴香头炸至金黄，然后用漏勺将其捞出，用厨房纸吸去多余的油脂，即可摆盘上桌，也可以用茴香叶和柠檬角装饰。

提示：这道菜很适合搭配烤猪肉食用。

蒜蓉炒四季豆
Fagiolini olio e aglio

4人份
准备时长：10分钟
烹饪时长：5~6分钟

4汤匙　橄榄油
300克　四季豆，斜切段
1瓣　大蒜，碾碎
1个　辣椒，切丁

成品照片请见对页

锅中倒入橄榄油，中火加热，放入四季豆、2汤匙水、大蒜和辣椒，翻炒约5~6分钟或直至全熟，即可出锅装盘。

豆蔻豌豆泥
Purè di piselli alla noce moscata

4人份
准备时长：5分钟
烹饪时长：5~10分钟

3½杯（500克）豌豆
3汤匙　黄油
1撮　肉豆蔻粉
盐和黑胡椒

烧一锅开水，放盐，放入豌豆，大火煮5~10分钟或直至豌豆变软，即可捞出盛入碗中。将黄油、盐、黑胡椒和肉豆蔻粉放入食物处理机中，或用手持搅拌机打至顺滑即可。

薄荷豌豆泥
Purè di piselli al profumo di menta

4人份
准备时长：10分钟
烹饪时长：5~10分钟

3¾杯（500克） 冷冻豌豆
3汤匙 黄油
1撮 肉豆蔻粉
2~3片 薄荷叶
盐

烧一锅开水，放盐，放入豌豆，大火煮5~10分钟或直至豌豆变软即可捞出盛入碗中，加入黄油、盐、薄荷叶和肉豆蔻粉，用食物处理机或手持搅拌机打至顺滑即可。

意式培根炒豌豆
Piselli alla pancetta

4人份
准备时长：50分钟
烹饪时长：15~20分钟

1千克 新鲜豌豆，去壳
3汤匙 黄油
100克 烟熏意式培根，切条
盐

成品照片请见对页

烧一锅开水，放盐，放入豌豆，大火煮5~10分钟或直至豌豆变软，即可捞出盛入碗中，放在一旁备用。

锅中放入黄油，小火加热使其熔化，放入烟熏意式培根，翻炒至表面金黄且变软后加入豌豆，翻炒5分钟，即可出锅装盘。

炒洋姜
Topinambur in padella

4人份
准备时长：15分钟
烹饪时长：15分钟

500克　洋姜
2汤匙　黄油
盐和黑胡椒

成品照片请见第151页

洋姜削皮，切成5毫米厚的薄片。烧一锅开水，放入洋姜焯10分钟后，捞出沥干。

锅中放入黄油，中火加热使其熔化，放入洋姜，用盐和黑胡椒调味，炒至表面金黄即可出锅装盘。

◆

烤芦笋佐甜芥末酱
Asparagi alla senape dolce

4人份
准备时长：10分钟
烹饪时长：10~12分钟

适量芦笋，修剪干净
4汤匙　橄榄油

酱汁：
4汤匙　橄榄油
适量甜芥末酱
盐

烧一锅开水，放入芦笋焯5分钟，捞出沥干。预热烤架，芦笋上刷油，放在烤架上烤5~6分钟，即可装盘。

接下来制作酱汁。在一个小碗中加入橄榄油、甜芥末酱和一小撮盐，搅拌均匀后，淋在芦笋上即可。

花菜菜泥
Purè di cavolfiore

4人份
准备时长：20分钟
烹饪时长：30分钟

700克　花菜（1个中等大小），切小朵
200克　马铃薯，切中等块
2¼杯（500毫升）　牛奶
1撮　肉豆蔻粉
盐和黑胡椒

　　将花菜和马铃薯一起放入珐琅锅中，倒入2¼杯（500毫升）水和一撮盐，煮沸后，调小火，加盖锅盖，煨煮20分钟。之后将锅中所有食材放入食物处理机中打成泥状，再加入牛奶，搅拌至均匀顺滑。

　　将菜泥倒入珐琅锅中，中火加热，确保不要煮沸，煨煮5~10分钟关火。加盐、黑胡椒和一小撮肉豆蔻粉，搅拌均匀即可出锅装盘。

　　提示：这道菜很适合搭配烤肉食用。

块根芹菜泥
Purè di sedano rapa

4人份
准备时长：30分钟
烹饪时长：25分钟

400克　块根芹，去皮切丁
将近半杯（100毫升）　酸奶油
盐和黑胡椒

成品照片请见第163页

　　烧一锅开水，放入块根芹，焯煮5~6分钟，或直至煮软，沥干后放入另一口锅中，加入酸奶油、盐和黑胡椒，用手持搅拌机打至顺滑即可。

　　提示：这道菜很适合搭配兔肉食用。

烤茄子
Melanzane violette ala griglia

4人份
准备时长：10分钟
烹饪时长：4~6分钟

3根　紫茄子，切掉柄，切5毫米厚的片
4~5汤匙　橄榄油
几片　罗勒叶，切碎
盐

预热烤架，将茄子片放在烤架上，每面烤2~3分钟，盛入盘中，撒上盐并淋上橄榄油，用罗勒叶装饰即可。

◆

小胡瓜缎带佐粉胡椒
Nastri di zucchine al pepe rosa

4人份
准备时长：10分钟
烹饪时长：5分钟

500克　小胡瓜，纵向切缎带状薄片
适量橄榄油
适量粉胡椒粒，碾碎
盐

成品照片请见对页

烧一锅开水，加盐，放入小胡瓜缎带片焯几秒钟后，捞出沥干。装盘后，淋上橄榄油，撒上粉胡椒碎，用盐调味即可。

烤时蔬
Zucchine, patate e pomodori al forno

4人份
准备时长：20分钟
烹饪时长：1小时

450克　马铃薯，切块
1个　洋葱，切碎
1瓣　大蒜
适量橄榄油
1枝　迷迭香，切碎
650克　小胡瓜，切丁
1¾杯（300克）　番茄，切碎
盐和黑胡椒

成品照片请见对页

烤箱预热至190℃/挡位5。把马铃薯、切碎的洋葱和大蒜放入耐热容器中，用盐和黑胡椒调味，淋上橄榄油并撒上迷迭香，放入烤箱烤制40分钟。从烤箱里取出，但不要关闭烤箱。

挑出大蒜并丢弃，加入小胡瓜和番茄，用盐调味后搅拌均匀。把容器重新放回烤箱，再烤制20分钟，或直至蔬菜完全熟透。

◆

玉米红甜椒沙拉
Insalata, mais e peperone rosso

4人份
准备时长：10分钟

1颗　卷叶生菜
1杯（175克）　罐头玉米粒，沥干
1个　红甜椒，去核，去籽，切条
盐和黑胡椒

将生菜放入沙拉碗中，撒上玉米粒，加入红甜椒条，用盐和黑胡椒调味即可。

烤甜椒
Peperonata delicata

4人份
准备时长：15分钟
烹饪时长：1小时30分钟，另加冷却
时间

4个　甜椒（各种颜色）
4汤匙　橄榄油
1瓣　大蒜
1个　洋葱，切丝
4个　番茄，去皮，去籽，切碎
盐

成品照片请见对页

烤箱预热至180℃/挡位4。烤盘底部垫锡箔纸，用餐叉将甜椒戳几下，放在烤盘上，烤制1小时。取出后用锡箔纸包起来，静置冷却。

将甜椒对半切开，去掉籽和筋膜，切成条。锅中倒油，小火加热，放入甜椒、大蒜和洋葱丝，翻炒大约10分钟，然后加入番茄，用盐调味，再煨煮20分钟，或直至锅中汤汁黏稠。

挑出大蒜丢弃，即可出锅装盘。

◆

迷迭香烤甜椒
Peperoni abbrustoliti al rosmarino

4人份
准备时长：10分钟
烹饪时长：25~30分钟

4个　红甜椒，对半切开，去籽和筋膜
2汤匙　橄榄油
1汤匙　意大利香醋
1枝　迷迭香，叶子切碎
盐

烤箱预热至200℃/挡位6。把甜椒切口朝上放在烤盘上，放入烤箱烤制25~30分钟，或直至熟透。

从烤箱中取出甜椒，自然冷却后切条，盛入盘中，淋上橄榄油和意大利香醋，然后撒一小撮盐和切碎的迷迭香即可。

红辣椒炒西蓝花苗
Broccoletti al peperoncino

4人份
准备时长：10分钟
烹饪时长：10分钟

500克　西蓝花苗，去掉外层叶子，
切小朵
2~3汤匙　橄榄油
半个　新鲜红辣椒，去籽，切丝
盐

成品照片请见对页

烧一锅开水，加盐，放入西蓝花苗焯5分钟，捞出并沥干。锅中倒油，中火加热，放入花椰菜苗和红辣椒，用盐调味，翻炒至断生即可出锅装盘。

◆

糖釉胡萝卜
Carote glassate

4人份
准备时长：15分钟
烹饪时长：20分钟

800克　胡萝卜，切片
一满汤匙　砂糖
4½汤匙　黄油
2枝　薄荷，切碎
盐

珐琅锅中放入胡萝卜，加入砂糖、盐和黄油，倒入大量冷水，淹没所有食材，中火炖煮20分钟，不时摇晃珐琅锅，避免胡萝卜粘在锅底。随着水分的蒸发，锅底会形成一层美味的糖釉，包裹住胡萝卜，然后撒上切碎的薄荷即可出锅。

提示：糖釉胡萝卜是一道很特别的配菜。诱人的甜味使得它成为烤鸡、炙烤香肠和烤牛肉的理想搭配。

槐花蜜胡萝卜
Carote al miele d'acacia

4人份
准备时长：15分钟
烹饪时长：25分钟

7汤匙　黄油
800克　胡萝卜，斜切厚片
1汤匙　槐花蜜
将近半杯（100毫升）　白兰地
2汤匙　欧芹，切碎
盐

成品照片请见对页

　　锅中放黄油，中火加热使其熔化，放入胡萝卜翻炒几分钟，用盐调味，然后加入槐花蜜，加盖锅盖，炖煮20分钟，其间不时翻动一下。可以适时加入热水防止干锅，直至胡萝卜完全熟透即可。

　　在烹饪快结束时，将白兰地淋在胡萝卜上，直至酒精完全蒸发。将胡萝卜盛出，撒上切碎的欧芹即可。

　　提示：这道菜是烤牛肉、家禽或兔子的理想搭配。

芫荽胡萝卜
Carote al profumo di coriandolo

4人份
准备时长：10分钟
烹饪时长：5~10分钟

4汤匙　橄榄油
400克　胡萝卜，切成长度类似火柴的小片
1瓣　大蒜，碾碎
适量芫荽，叶子切碎
盐

　　锅中放橄榄油，中火加热，放入胡萝卜、大蒜和一小撮盐，翻炒5~10分钟，或直至完全熟透。将胡萝卜盛出装盘，撒上切碎的芫荽叶即可。

抱子甘蓝菜泥
Purè di cavolini di bruxelles

6人份
准备时长：15分钟
烹饪时长：25~30分钟

1千克　抱子甘蓝
2汤匙　黄油
4汤匙　厚奶油
1撮　肉豆蔻粉
盐和白胡椒
适量帕玛森干酪薄片（可选）
适量特级初榨橄榄油（可选）

成品照片请见对页

　　烧一锅开水，放入抱子甘蓝，焯10~15分钟，或直至抱子甘蓝完全熟透。捞出沥干，将抱子甘蓝放入食物处理机，打至如奶油般顺滑绵密。将打好的菜泥倒入平底锅，加入黄油和奶油，中火加热，煨煮15分钟，或直至菜泥浓稠即可。

　　将菜泥盛入盘中，用盐、白胡椒和肉豆蔻调味。上桌时，可以撒上一些刨成薄片的帕玛森干酪，并淋上特级初榨橄榄油。

　　提示：这道菜适合作为烤肉或煎香肠的配菜。

意式培根炒抱子甘蓝
Cavolini di bruxelles alla pancetta

4人份
准备时长：5分钟
烹饪时长：15分钟

400克　抱子甘蓝
3汤匙　橄榄油
40克　烟熏意式培根，切片

　　烧一锅开水，放入抱子甘蓝，焯10分钟，捞出沥干。锅中倒橄榄油，中火加热，放入抱子甘蓝和烟熏意式培根，翻炒约5分钟，或直至意式培根香脆，即可出锅装盘。

抱子甘蓝配帕玛森干酪
Cavolini di bruxelles alla parmigiana

4人份
准备时长：15分钟
烹饪时长：20分钟

800克　抱子甘蓝，清理干净
2汤匙　黄油
1撮　现磨肉豆蔻粉
约¾杯（65克）　帕玛森干酪，磨碎
盐和黑胡椒

烧一锅开水，加入抱子甘蓝，焯10分钟，捞出沥干。锅中放黄油，小火加热至黄油焦糖化后，放入抱子甘蓝翻炒几分钟，用盐、黑胡椒和肉豆蔻调味，即可出锅装盘，撒上帕玛森干酪作为装饰。

烧紫甘蓝
Cavolo rosso caramellato

8人份
准备时长：15分钟
烹饪时长：1小时10分钟

1千克　紫甘蓝，切丝
将近¼杯（50毫升）　白葡萄酒醋
2汤匙　砂糖
盐和黑胡椒

将紫甘蓝放入珐琅锅中，倒入将近半杯（100毫升）水，加入白葡萄酒醋和砂糖，用盐和黑胡椒调味，煮沸后调小火，加盖锅盖，煨煮1小时。最后30分钟须勤搅拌，锅中的水在这个阶段应该已经完全蒸发，紫甘蓝呈轻微焦糖化的状态。

关火，将紫甘蓝盛入盘中即可。

提示：这道菜可冷吃也可热吃，适合搭配烤猪肉食用。

孜然炖紫甘蓝
Cavolo rosso stufato al cumino

4人份
准备时长：10分钟
烹饪时长：35分钟

1颗　紫甘蓝
2汤匙　黄油
一小撮　孜然粉
1个　洋葱，切碎
1杯（250毫升）　蔬菜高汤
盐

　　将紫甘蓝外层叶片剥去，然后切丝。锅中放黄油，中火加热，放入紫甘蓝、孜然粉、洋葱、蔬菜高汤和一小撮盐，煨煮35分钟，或直至紫甘蓝软嫩即可出锅装盘。

卷心菜马铃薯泥
Purè di patate e cavolo

4人份
准备时长：15分钟
烹饪时长：30分钟

500克　带皮马铃薯
2汤匙　黄油
半颗　绿卷心菜或白卷心菜，切丝
盐

　　烧一锅开水，放入马铃薯煮30分钟，或直至熟透。一旦煮熟，立刻将马铃薯捞出剥皮，然后用压泥器压成马铃薯泥。

　　与此同时，在另一口锅中加黄油，中火加热使其熔化，加入卷心菜、1撮盐和⅔杯（150毫升）水，煨煮20分钟。之后将卷心菜放入食物处理机打成泥状，然后和马铃薯泥混合均匀，装盘即可。

香浓马铃薯泥
Purè di patate cremoso

4人份
准备时长：25分钟
烹饪时长：25~30分钟

6个　马铃薯
4汤匙　黄油，室温软化
将近半杯（100毫升）　牛奶
将近半杯（100克）　马斯卡彭奶酪
半杯（120毫升）　淡奶油
6根　细香葱，切碎
盐和黑胡椒

成品照片请见对页

将马铃薯蒸20分钟，然后将蒸好的马铃薯碾压成泥，轻轻拌入黄油。

小汤锅中倒入牛奶，加热至沸腾前关火。将马斯卡彭奶酪和奶油放在一起搅拌至顺滑，然后加入热牛奶，拌匀后一起倒入马铃薯泥里，用盐和黑胡椒调味，搅拌均匀。将马铃薯泥过筛后装盘，撒上香葱即可。

提示：这道马铃薯泥的质地比较稀，如果你喜欢更厚实的口感，可以不加奶油，但这样做出的马铃薯泥口感不够丰满。

豆蔻马铃薯泥
Purè di patate alla noce moscata

4人份
准备时长：20分钟
烹饪时长：25~35分钟

800克　带皮马铃薯
一小块　黄油
将近半杯（100毫升）　温热的牛奶
一小撮　肉豆蔻粉
盐

烧一锅开水，加入马铃薯，煮20~30分钟，或直至熟透。把马铃薯捞出，趁热剥皮，然后把马铃薯放回锅中，用压泥器压成马铃薯泥。加入黄油和温热的牛奶，小火加热3~4分钟。

关火，将马铃薯泥盛出来，用一小撮盐和肉豆蔻粉调味即可。

青柠马铃薯泥
Purè di patate al lime

4人份
准备时长：15分钟
烹饪时长：20~30分钟

800克　带皮马铃薯
3½汤匙　橄榄油
1个　青柠，榨汁，果皮碎屑
盐

烧一锅开水，加入马铃薯，煮20~30分钟，或直至熟透。把马铃薯捞出剥皮，将水倒掉，然后把马铃薯放回锅中，用压泥器压成马铃薯泥，加入橄榄油、青柠汁、青柠皮碎屑和一小撮盐，搅拌均匀，即可出锅装盘。

香脆烤马铃薯
Patate arrosto croccanti

4人份
准备时长：10分钟
烹饪时长：40分钟

675克　带皮马铃薯
2汤匙　黄油
3汤匙　橄榄油
盐

烧一锅开水，加入马铃薯，煮20~30分钟，或直至熟透。捞出马铃薯，放在一旁冷却。待马铃薯冷却后剥皮，切成薯角。平底锅加黄油和橄榄油，将薯角煎至表面金黄，即可出锅装盘。

迷迭香烤新马铃薯
Patatine novelle al rosmarino

4人份
准备时长：10分钟
烹饪时长：30~35分钟

2汤匙　黄油
将近半杯（100毫升）　橄榄油
1枝　迷迭香
1瓣　大蒜
675克　新马铃薯
盐

成品照片请见对页

大锅中放入黄油和橄榄油，小火加热使黄油熔化，放入迷迭香、大蒜和新马铃薯，翻炒均匀后加盖锅盖，煎烤30~35分钟，或直至马铃薯表面金黄。将马铃薯盛出，挑出大蒜丢弃，撒上盐即可。

烤马铃薯
Patate alla griglia

4人份
准备时长：10分钟
烹饪时长：10~12分钟

4~5个　马铃薯，去皮，切5毫米的
厚片
3汤匙　橄榄油
盐

预热烤架。烧一锅开水，加盐，放入马铃薯片，焯5分钟，捞出沥干，加入橄榄油和一小撮盐，搅拌均匀。把马铃薯片放上烤架，每面烤2~3分钟，只需翻一次面，完成后即可装盘。

◆

马铃薯饼
Tortino di rösti di patate

4人份
准备时长：10分钟，另加20分钟冷却
烹饪时长：30分钟

500克　带皮马铃薯
3汤匙　黄油
盐

烧一锅开水，加盐，放入马铃薯煮10分钟，捞出沥干，待冷却后剥皮，然后用刨丝器将马铃薯粗刨成丝，用盐调味。

不粘锅里放1½汤匙黄油，小火加热使其熔化，将刨成丝的马铃薯放入锅中，用煎铲轻轻压成饼状，煎至马铃薯饼一面金黄酥脆，将马铃薯饼盛出。

锅中放入剩余的黄油，小火加热使其熔化后，将马铃薯饼放回锅中煎另一面，再煎10分钟。盛出后切成小块即可。

波伦塔
Polenta

4人份
烹饪时长：45~60分钟

3⅔杯（500克） 波伦塔粉或玉米面
7½杯（1.7升） 水

煮沸一大锅清水，加盐，另备一壶开水，以备不时之需。一边把波伦塔粉撒进锅里，一边不停地搅拌，同时把火调小。持续搅拌，一旦波伦塔变稠，便倒入一些热水稀释。这是波伦塔烹饪的诀窍，波伦塔在加热时会变稠，所以需要不断加水稀释。

烹饪时间可控制在45分钟至1小时之间，煮的时间越长，波伦塔越容易消化。

提示：波伦塔粉需要储存在阴凉干燥处，否则会发霉。煮熟的波伦塔应该用干净的布包起来冷藏保存。口感柔软的波伦塔非常适合和烩煮或炖煮的菜肴一起食用。

鼠尾草小扁豆泥
Purè di lenticchie alla salvia

4人份
准备时长：5分钟
烹饪时长：30分钟

半杯（500克） 小扁豆
2汤匙 黄油
4片 鼠尾草叶子
盐和黑胡椒

按照包装袋上的说明，将小扁豆放入一锅沸水中煮至变软，捞出沥干，趁热与黄油、一小撮盐、黑胡椒和鼠尾草混合，然后用食物处理机或手持搅拌机打成泥状，即可装盘。

提示：小扁豆和野猪肉搭配非常美味。

术语和菜谱列表

术语

阿努卡苹果（Aunrka apple）

一种非常古老的苹果品种，原产于意大利南部的坎帕尼亚。果皮呈红釉色，果肉紧实，口感爽脆，果香浓郁，酸甜适中。也被称为"Annurca"。

鹌鹑

一种小型雉科候鸟，与鹧鸪类似。鹌鹑以其鲜美且不肥腻的肉质闻名。常见的烹饪技巧有整只腌制或用意式培根包裹，目的均是为了软化肉质并保持水分。鹌鹑的狩猎季在秋季，此时的鹌鹑最为肥美，此外鹌鹑不需要悬挂。

包裹烘烤

用锡箔纸、羊皮纸或蜡纸将食物包起来放进烤箱烘烤的一种烹饪技巧。使用这种技巧烹饪时仅需要少量的油或脂肪，非常适用于烹饪肉、鱼和蔬菜，最大程度保留了食物的水分和风味。

焯水

将水果或蔬菜放入沸水中稍煮片刻，但不完全煮熟，以使食材变软或更容易剥皮。

炒

在平底锅或煎锅中用油或黄油烹调肉类、鱼类或蔬菜直至上色并完全熟透的烹饪方法。意大利面和意大利烩饭均属于"炒"的范畴。

打成泥状

使用食物处理机或手持搅拌机，将固体或者半固体食材打成顺滑的半固态。

杜松子

杜松子并不是真的浆果，只是其不同寻常的质地和小时的鳞片，使它看起来像浆果而已。作为香料，它有独特的辛香，无论新鲜还是干燥的，都可用来烹饪。

炖煮

一种将食物放入有盖的锅或珐琅锅中，用适量汤汁小火慢煮的烹饪技巧。炖煮适用于烹饪红肉和家禽。

番茄泥（Passate）

番茄经去皮、打碎、过滤等工序制作成的罐头食品，质地比番茄膏（tomato paste）稀得多。

柑曼怡酒（Grand Marnier）

一种法国产橙香型力娇酒（利口酒），由干邑白兰地、苦橙蒸馏精华和糖混合而成。常用于制作甜点，其橘子味适合入鸡肉菜肴。

高汤

以牛骨、小牛骨或家禽骨，搭配蔬菜和香草熬煮2~3小时，制成的香浓的烹饪用底汤。使用前需要撇去多余的油脂。市面上很容易买到浓汤宝。为了节省烹饪时间，固体浓汤宝可事先放入热水中溶化，也可以购买高质量的液体高汤。蔬菜高汤也是高汤的一种。

格拉帕酒（Grappa）

亦称渣酿白兰地，是一种由果渣蒸馏后制成的酒精饮料。果渣指的是葡萄酒酿造过程中剩下的葡萄皮、葡萄籽和果梗。依传统应于饭后直接饮用，也可以添加到餐后的浓缩咖啡中，以增添风味。在肉类和家禽类菜肴中使用格拉帕酒，可以为菜肴添加一丝酸味，以达到风味的平衡，同时也能降低油腻感，例如炖煮猪脊肉配杏酱汁（见第42页）。

槐花蜜（Acacia honey）

槐花蜂蜜是一种单花蜜，即蜜蜂只采集刺槐或洋槐花蜜酿造而成的蜂蜜。其色泽浅亮，带有清淡、甘甜的花香。

烩煮用鸡

15~16个月大的成熟家禽。其肉质较硬，所以需要长时间的低温烹煮。浓郁的风味使得其成为汤品和烩菜的最佳选择。如果选择制作高汤，应将鸡肉的皮和皮下脂肪去除，之后再浸泡在淡盐水中。烹饪时长为1小时或更长，具体时长取决于鸡的大小。如果是老鸡，则至少需要2小时。高汤完成后，需要用纱布过滤。

加盖锅盖

用锅盖或者锡箔纸将锅口或烤盘封住，以缩短烹饪时间，抑止水蒸气的逸出，防止食材的水分过度流失。

将禽类绑牢

将禽类用厨房用绳绑牢，使翅膀和腿紧贴躯体，以确保禽类结构紧凑，并帮助其在烹饪过程中均匀受热。以鸡为例，鸡的胸部朝上，腿部靠近操作者。将绳子中间点置于尾骨的正下方，两端分别绕过腿部并提起，打一个十字，然后把两端拉紧，以收拢腿部。而后将绳子的两端向前拉，绕过鸡脖子再压在翅膀上。然后把鸡翻身，鸡胸朝下，拉紧绳子，在脖子处打结。

浇（淋）汤汁

在烹饪的过程中，用勺子将油脂或者酱汁浇在食物上，以帮助食物更好地上色，使食物内部保持湿润。

静置

肉刚烤好时或在切分前需要静置片刻。刚烤好的肉肌肉纤维收缩，肉汁会被挤压至肉的边缘。在静置期间，纤维变得松散，肉汁得以重新分布，从而达到鲜嫩多汁的口感。同时，由于存在"加热惯性"，静置期间烹饪过程仍在继续，因此应精确计算烹饪时间。

烤

将肉类、鱼类或蔬菜以高温加热初步上色后，放入烤箱中继续烹饪的技巧。

猎人风味（Cacciatore）

"Cacciatore"在意大利语里意为"猎人"。在烹饪中，"猎人风味"特指一种用蘑菇、洋葱、白葡萄酒和香草烹饪鸡肉或兔子的方法。各地区的做法略有不同。

鹿肉

鹿肉因其浓郁的风味而备受推崇。在英国，大多数养殖肉鹿品种是马鹿。鹿肉在欧洲随处可见，在美国则不太常见，美国销售的鹿肉通常进口自新西兰。鹿肉适用于烤制、可切成肉排或制成绞肉。

米兰炸物（Milanese）

Milanese一词意为"来自米兰市"。这是一种烹饪技巧，指将肉或蔬菜浸在打好的蛋液里，取出后裹上面包屑，再入油炸制。用黄油煎炸的米兰炸猪排尤其有名。

尼斯黑橄榄

一种主要生长在法国南部和意大利利古里亚地区的橄榄。在意大利被称为塔吉亚橄榄。它们的颜色从青紫色到棕黑色不等，带有一种温和、甘甜的果香。可以整颗吃，碾碎成酱，搭配肉类，或者制成橄榄油。

帕赛托酒

一种意大利甜酒，由风干或经过干燥处理的晚收葡萄酿制而成。通常用作餐后酒，例如圣酒（Vin Santo）和潘泰莱里亚白葡萄酒（Passito di Pantelleria）。

切成适当大小

使用家禽剪或者锋利的刀具将家禽或者野禽切成适当的大小。

切尔维亚甜盐

一种通过自然蒸发提取的海盐，有着丰富的味道。这种来自艾米利亚-罗马涅（Emilia-Romagna）地区切尔维亚（Cervia）的珍贵食盐被形容为"甜的"，是因为它缺少苦味矿物质，而且不含添加剂。其氯化钠的纯度使其天然比其他海盐更"甜"。

切块

把蔬菜、肉或者其他食材切成大小均匀的小块。

禽类拔毛

在处理野禽的过程中，拔毛是一个非常关键的步骤。正确的做法是从禽类的尾部开始拔，然后逐渐向上，最后拔头部，整个过程需要十分小心，避免损伤禽类的皮肤。如果禽类是经过冷藏的，那么硬拔是最简单的选择。可以通过烧灼去掉剩下的绒毛，皮肤里残留的羽毛根则可以用一把小刀清理干净。

去骨

去除肉类、禽类或鱼的骨头。

撒面粉

肉、蔬菜和鱼通常需要在煎炸前撒一层薄薄的面粉。在烘焙的时候，深烤盘和台面上也会撒一些面粉，以防止面团粘连。

上色

上色的过程也被称为焦糖化（美拉德反应），一般发生在高温烹饪食物的过程中，例如煎、烤、烧烤或者油炸。可以极有效地增强食物的风味和口感，适合用于处理肉类、炖菜以及所有表皮香脆的食物。

烧汁

用水、酒或高汤溶解烤盘或煎锅底部的结块，用以制作浇汁或者酱汁。

圣马尔扎诺番茄

一种意大利李形番茄，原产于那不勒斯。与罗马品种相比，圣马尔扎诺番茄的皮更薄、果形更尖，果肉更厚，种子也更少。它的味道浓郁，酸甜比例均衡，可以搭配任何油腻的肉类。

收汁

通过煮沸的方式使肉汁、高汤或酱汁增稠。

收汁

通过煮沸高汤等汤汁、葡萄酒或力娇酒（利口酒），蒸发其中的水分，达到收汁的效果，为菜肴增添更多的风味。

桃红葡萄

意大利语"Rosato"泛指用来制作桃红葡萄酒的葡萄品种。意大利的桃红葡萄酒大致分为4类：Chiaretto、Ramato、Rosato和Cerasuolo。虽然Rosato是意大利桃红葡萄酒的统称，但它本身也是一个类别。

桃金娘

桃金娘是一种桃金娘科的常绿灌木，叶片呈深绿色，成熟的浆果呈黑紫色。它的叶子有苦味，被压碎时会散发出一种类似杜松的香味，因此使用时应适度。适用于肉类菜肴，可替代月桂叶。

桃金娘力娇酒（利口酒）

一种撒丁岛的传统力娇酒，由桃金娘的浆果浸泡在酒中制成，在意大利语中被称为"Mirto"，它呈红棕色，味道甘甜，果香中带有明显的香草气息。

特雷维索红菊苣

特雷维索红菊苣是红菊苣的一个味道温和的品种，也被称为意大利红生菜或红菊苣。其精致的褶皱叶片，深紫红色和奶油色相间形成的纹理使其与众不同。它可以新鲜生食，也可以煮熟后食用，微苦的味道在烧烤、煎炸或烘烤后会变淡。它富含营养和抗氧化成分。其他类型的菊苣均可以作为其替代品。

剔骨

横向或纵向沿脊椎骨将肉切下。

网油

一种网状的脂肪膜，包裹着动物（如牛、羊和猪）的内部器官，是最常见的网油类型。网油呈片状，通常用于包裹肉冻或香肠，可以从大多数肉贩那里买到。

煨

把液体加热到略低于沸点的温度，或把已经达到沸点的液体的温度降低，使液体始终保持接近沸腾的状态。

维奈西卡白葡萄酒

意大利的一种干白葡萄酒，由当地的葡萄酿制而成，产于托斯卡纳的圣吉米尼亚诺镇及其附近。此款酒为特等法定产区酒级别（DOCG），有一种清爽、新鲜、带有柑橘味的果香，适合与猪肉和家禽搭配。

文火慢煮

在制作炖菜等菜肴时，需要长时间小火烹煮，以使食材软嫩，即文火慢煮。

悬挂

将整只动物或禽类在宰杀后悬挂储存一段时间，这是一个熟成的过程，可以令肉质变得更为鲜嫩多汁。

烟熏猪油

猪油的意大利语词是Lardo。其口感细腻，烟点高，适合烤制。最优质的猪油是由腰脊部和肾脏周围的脂肪制成的，炼制好的猪油会形成块状的白色固体脂肪。经过熏制的猪油会散发出浓郁的烟熏味。

阉鸡

被切除睾丸并填塞增肥的公鸡。一只未被阉割的鸡重1.4~1.8千克，而一只阉鸡则重3.6~4.5千克。阉鸡味道鲜美，鸡骨特别适合做高汤。

腌制

将肉或鱼以芳香的混合物覆盖或浸泡的处理方法，通常以橄榄油、柠檬汁、醋、葡萄酒、香料和香草为基础制作腌料，可为食材初步调味，并使其肉质变嫩。

雉鸡

这种野禽以肉瘦和风味十足著称。常见的多为人工养殖的雉鸡品种，狩猎季来临之前会被放养，其味道不如真正的雉鸡，并且不需要经过悬挂熟成。雉鸡肉与时令食材搭配的效果很好，包括栗子、蓝莓、南瓜、块根芹（celeriac）、卷心菜和蘑菇。小雉鸡是制作烤整鸡的理想选择，而老一点的雉鸡则适合制成肉派或炖菜。雉鸡的腿部肌肉相对发达，肉质往往较为结实，因此烹饪通常比较耗时。

意式火腿（Prosciutto）

Prosciutto一词在意大利语中指各类腌制火腿，包括熟火腿。Prosciutto crudo指的是风干的腌制生火腿，而Prosciutto cotto指的是熟火腿。然而在美国，Prosciutto一词特指风干的腌制生火腿，通常产自帕尔马。意大利的威内托和圣达涅也生产多种品质优良的火腿。

意式培根（Pancetta）

意式培根选用猪肚腩部位的肉制作，也就是人们常说的五花肉，制法类似美式培根，腌制方式却有所不同。它既可经过烟熏，也可以是未经烟熏的，既可以是平展的，也可以卷成卷，并用香料调味。在食用前需要煮熟。切成薄片的意式培根可以用来包裹肉或家禽，切成小块的则可以与洋葱或大蒜一起炒，以增加风味。意式培根相当咸，所以在给菜肴调味之前最好尝一下，然后酌情加盐。

意式酸甜酱（Agrodolce）

通常由香草、红酒醋、糖、洋葱和大蒜制成。通常搭配鱼肉和蔬菜食用，特别适合搭配洋葱和茄子。

硬拔

参见"禽类拔毛"。

原汁烩肉（Fricassée）

一种将经过蛋黄增稠、柠檬调味的酱汁浇在小牛肉、羊肉、兔子或鸡肉上制成的菜肴。这类菜肴完成后须即刻离火，否则酱汁会变得过于浓稠，甚至凝结成块。

鹧鸪

最常见的鹧鸪是红脚鹧鸪和灰脚鹧鸪。岩鹧鸪是非常珍贵的品种，非常罕见且美味。鹧鸪肉鲜嫩味美，经过悬挂熟成，其风味能够得到更好的释放。

珍珠洋葱

一种小洋葱，直径约2.5厘米，有红色、白色或黄色。其味道平和，带有一丝甜味。这些洋葱很难去皮，所以最好把它们放在沸水中煮1~2分钟，捞出沥干后放到一碗冷水中。把洋葱的根部切掉，然后把洋葱芯挤出来。

菜谱列表

菜谱使用注意事项：

黄油务必使用加盐的。

所有香草特指新鲜香草，除非另有说明。

所有的蔬菜和水果，例如洋葱和苹果，默认使用中等大小的，除非另有说明。

鸡蛋默认使用大号（英国中号），除非另有说明。

烹饪时间仅供参考，因为不同的烤箱性能各不相同。如果使用热风循环烤箱，请遵循制造商关于烤箱温度的说明。

当菜谱涉及任何潜在的危险，包括高温、明火和油锅时，要格外小心。尤其是在油炸的时候，需小心地放入食材，避免溅起油花，建议穿长袖的衣服，并且注意不要把锅放在火上干烧。

当在灶台或烤箱中使用陶制容器时，应避免温度的快速变化，以免开裂。在电磁炉或电陶炉上使用陶器时，一定要使用散热器。

有些菜谱包含一些未完全煮熟的鸡蛋、肉类或者鱼类，以及一些发酵食品，老年人、婴儿、孕妇、康复患者和免疫系统受损的人都应该避免食用。

制作发酵食物时要小心，确保所有设备一尘不染，如有任何疑问，请咨询专家。

所有的香草、嫩芽、花朵和叶子都应该从干净的地方采摘。搜寻食材时要小心，任何采摘的食材只有在专家认为可以安全食用的情况下才能食用。

若食材列表中未规定用量，例如菜肴完成阶段添加的油、盐和香草，用量是随意且灵活的。

用勺子和量杯量取的食材均应为平勺或平杯，除非另有说明。1茶匙= 5毫升，1汤匙= 15毫升。